葡萄与葡萄酒工程专业系列教材

葡萄酒工艺学实验

主　编　陶永胜
副主编　史学伟　姜　娇　李爱华

科学出版社

北　京

内 容 简 介

　　"葡萄酒工艺学实验"是学生掌握葡萄酒酿造基本技能的核心课程，也是葡萄与葡萄酒工程专业的一门专业基础课。本教材是该门课程的实验指导书，本书在操作原理和技术实践的结合方面进行了大胆尝试，除了突出工艺学的实践操作外，尽可能地介绍清楚具体实验操作的原理。全书共四章，包括24个实验，分别介绍了葡萄酒发酵前处理、葡萄酒微生物的培养与发酵、葡萄酒的澄清与稳定、干白/干红/桃红葡萄酒的酿造等实验内容。通过本书的学习与实践，学生能够掌握葡萄酒酿造整个工艺环节的操作技能，并可以独立分析解决葡萄酒酿造过程中的问题。同时部分实验配套视频，读者可扫码观看。

　　本书可作为葡萄与葡萄酒工程、发酵工程、食品科学与工程等相关专业的本科生、研究生的实验指导教材，也可供有关科研人员、工程技术人员参考。

图书在版编目（CIP）数据

葡萄酒工艺学实验 / 陶永胜主编 . —北京：科学出版社，2021.10
葡萄与葡萄酒工程专业系列教材
ISBN 978-7-03-070046-9

Ⅰ．①葡… Ⅱ．①陶… Ⅲ．①葡萄酒－酿造－高等院校－教材
Ⅳ．① TS262.61

中国版本图书馆CIP数据核字（2021）第206627号

责任编辑：席　慧／责任校对：杨　赛
责任印制：张　伟／封面设计：蓝正设计

科　学　出　版　社　出版
北京东黄城根北街16号
邮政编码：100717
http://www.sciencep.com

北京凌奇印刷有限责任公司 印刷
科学出版社发行　各地新华书店经销
*

2021年10月第　一　版　开本：787×1092　1/16
2022年8月第四次印刷　印张：7
字数：181 500

定价：29.00元
（如有印装质量问题，我社负责调换）

《葡萄酒工艺学实验》编写委员会

主　编　陶永胜（西北农林科技大学）

副主编　史学伟（石河子大学）

　　　　姜　娇（西北农林科技大学）

　　　　李爱华（西北农林科技大学）

参　编　（以姓氏笔画为序）

　　　　宋育阳（西北农林科技大学）

　　　　张　波（甘肃农业大学）

　　　　张军翔（宁夏大学）

　　　　罗　华（山西农业大学）

　　　　秦　义（西北农林科技大学）

　　　　靳国杰（西北农林科技大学）

前　　言

    葡萄酒是以新鲜的葡萄或葡萄汁为原料，经过发酵酿造而成的酒精饮料。据科学家考证，我国是世界葡萄的重要发源地之一，曾拥有光辉灿烂的葡萄酒酿造史。上至 9000 年前，下至近代的悠悠历史中，我国的葡萄酒酿造经历了酿造之初、稳步发展和不断繁荣三个主要阶段的迭代。时至清末民初，我国葡萄酒产业逐渐没落，经过百余年的积淀，目前我国葡萄酒业已蓬勃发展。时至今日，我国已成为位列世界前十的葡萄酒生产国、世界前五的葡萄酒消费国，各具特色的酒庄、酒企如雨后春笋般不断涌现，主要葡萄酒产区到处呈现百花齐放、欣欣向荣的发展态势，但与葡萄酒发达国家相比，我国葡萄酒产业发展亟需大量葡萄与葡萄酒专业人才扎根企业以推动葡萄酒质量的整体提升。

    葡萄酒质量的优劣与其酿造工艺密切相关，因此，对于葡萄酒酿造整个工艺环节的把控绝不能掉以轻心。"葡萄酒工艺学实验"正是运用生物、化学、物理、微生物学等学科的基本原理和相关科学技术方法，根据葡萄原料的特点，为其量身打造的，关于葡萄酒酿造每个环节技术方案的一门技术型应用课程，是"葡萄与葡萄酒工程"本科专业的一门重要核心课程。通过对本课程的学习，学生能够理解葡萄酒酿造的全过程，掌握关键环节的操作技术并独立分析和解决葡萄酒酿造中存在的问题，从而最终实现葡萄酒的科学酿造。

    "葡萄酒工艺学实验"这门课在"葡萄与葡萄酒工程"专业创建之初就已开设，但国内至今都没有专门的配套教材。为了方便从事"葡萄与葡萄酒工程"专业教学的老师开展教学内容，早年编者根据国外葡萄酒酿造工艺学的经典著作和国内外葡萄酒酿造的相关经验，编写了校内使用讲义"葡萄酒工艺学实验"。在多年使用该讲义的过程中，葡萄酒酿造技术也有了新的发展，为此，编者不断总结葡萄酒酿造实践经验，广泛参阅和吸收了国内外先进的葡萄酒酿造技术，在此基础上编写了这本《葡萄酒工艺学实验》，以供师生和从事葡萄酒行业的技术人员使用。

    本书以葡萄酒酿造工艺流程为主线，系统全面地介绍了从葡萄采收到葡萄酒灌装的整个工艺环节，共由四章构成。第一章详尽讲解了葡萄酒发酵前处理，包括葡萄成熟度的控制、葡萄的除梗破碎、二氧化硫处理、葡萄汁的澄清及冷浸渍工艺；第二章为微生物发酵，涵盖葡萄酒中重要的发酵剂酵母和乳酸菌的分离、纯化、扩培、接种、使用，以及对二者发酵的监控；第三章是对葡萄酒澄清与稳定的解读，包括葡萄酒酸度的调整，冷 / 热稳定性检验，葡萄酒的抗氧化性，化学性破败和微生物病害的检验，葡萄酒的澄清、过滤、灌装及感官分析；第四章综合详述了干白葡萄酒、干红葡萄酒及桃红葡萄酒的典型酿造方法及其关键控制环节。在编写本书过程中，编者力求对上述相关操作的科学原理和常规方法进行详细介绍，以便为本书的使用者提供扎实的理论知识和完整的实践操作方法。本书的编排与国内广泛使用的教材格式不同，风格独特，取材新颖，每一章节不仅包括实验的目的意义、基础理论、材料与器皿、实验步骤等常规内容，更是有相应的总结、延伸和展望，面面俱到，重难点突

出，便于学生快速掌握葡萄酒工艺学实验的相关理论知识和实验操作。

在编写本教材的过程中，得到了西北农林科技大学葡萄酒学院、石河子大学食品学院、宁夏大学食品与葡萄酒学院、甘肃农业大学食品科学与工程学院、山西农业大学食品科学与工程学院、科学出版社和相关葡萄酒企业的热情帮助和大力支持，在此一并表示感谢。

由于编者水平有限，书中疏漏在所难免，敬请广大读者批评指正。

编　者

2021 年 5 月

本书部分实验配套虚拟仿真实验视频，可扫码观看。

目　　录

第一章　发酵前处理

实验一　葡萄成熟度分析实验

一、目的意义

（1）熟悉酿酒葡萄成熟评价的指标；
（2）能够选择成熟指标，综合评价酿酒葡萄原料的成熟状况。

二、基础理论

葡萄酒是以新鲜的葡萄或者葡萄汁为原料，经发酵而成的含酒精的饮料，因此葡萄原料的成熟度与葡萄酒的质量密切相关。果实品质在很大程度上取决于葡萄的采收时间，过早或过晚采收，酿造出的葡萄酒均不能完美呈现其品种的风味特征，甚至会造成质量缺陷。因此浆果转色后检测葡萄的成熟度对于科学地确定采收期、提高葡萄酒的质量和产量具有重要意义。

葡萄浆果进入转色期后，果实中的主要成分随之发生变化。首先表现在糖含量的不断攀升，在成熟时可达 200～250 g/L，这是由于葡萄植株的其他器官，如主干、主枝、叶片、果梗等的积累物质向果实不断运输。与之相反的是葡萄浆果的有机酸迅速降低，并在成熟时趋于稳定，因为这一阶段果实的呼吸作用以苹果酸为主的有机酸为基质，且在炎热产区，呼吸强度较大，有机酸降解更为迅速。因此，在温带气候区常根据葡萄的糖酸比（也称成熟系数）作为果实成熟的指标。其中，葡萄的含糖量可通过斐林试剂法检测，首先葡萄汁中的多糖通过酸水解转化为还原糖，还原糖与斐林试剂共同煮沸，斐林试剂中的硫酸铜被还原生成红色的氧化亚铜沉淀。以次甲基蓝为指示液，当反应到达终点时，稍微过量的还原糖能够将蓝色的次甲基蓝还原为无色，从而使反应液由蓝色变为红色，以示终点。葡萄浆果的含酸量可利用酸碱滴定的原理，以酚酞作为指示剂，用碱标准溶液滴定，根据碱的用量计算总酸的含量。

此外，由于成熟的葡萄浆果中糖是浓度最大的组分，在某种程度上，可溶性固形物可以衡量葡萄的成熟情况。可溶性固形物指样品中所有溶解于水的化合物的总称，包括糖、酸、维生素、矿物质等，用白利度（Brix）表示。描述样品中可溶性固体含量的质量百分比浓度，通常利用可溶性固体的折射性检测。光线从一种介质进入另一种介质时会产生折射现象，并且入射角正弦之比为恒定值，此比值称为折光率。葡萄汁液中可溶性固形物的含量与折光率在一定条件下（同一温度、压力）成正比例关系，故可通过使用手持糖量计测定葡萄汁液的折光率，求出葡萄汁液可溶性固形物的含量。

检测葡萄浆果的可溶性固形物及成熟系数操作简单，但以这两种方法确定红葡萄的采收期仍具有一定的片面性，因为红葡萄酒的质量还依赖于存在于果皮中的单宁和花色苷，所以多酚成熟度也广受关注。多酚的检测可利用福林 - 肖卡法，即在碱性溶液中，多酚物质将磷钼酸和钨酸盐还原成蓝色的化合物,其中蓝色的深浅程度与多酚物质的含量成正比,因此可利用比色法对总酚进行定量。而对花色苷的检测则依据在不同 pH 条件下,由于花色苷浸出的量不同,从而表现出不同的光谱特征。在 pH 为 1.0 的条件下,很容易破坏果皮细胞壁,几乎所有的花色苷可以浸出。此外,花色苷可被二氧化硫或焦亚硫酸钾漂白,其可见光的光谱特征进而消失。利用样品漂白前后吸光度的差值,结合标准曲线,可计算出其相应含量。

在浆果发育过程中,葡萄果皮中的优质单宁和花色苷含量逐渐积累,同时种子中的劣质单宁含量逐渐降低。最佳多酚成熟度不仅指果皮中的色素和优质单宁达到最大值而种子中的单宁含量较低,而且也表现在发酵过程中有良好的浸提能力,这可以通过葡萄浆果的多酚系数反映。在不同 pH 条件下,果皮中单宁的浸出同花色苷的情况基本一致,在 pH 为 1 的条件下能够得到充分浸提。若浆果成熟度良好,其细胞壁通透性好,在模拟发酵条件下,即 pH 为 3.2 时,浸出的花色苷或单宁与 pH 为 1 的条件下相比差值较小。

三、材料与器皿

1. 材料

不同品种的葡萄浆果。

2. 试剂

乙醇、焦亚硫酸钾、1 mol/L 盐酸、氢氧化钠、邻苯二甲酸氢钾、酒石酸钾钠、硫酸铜、酚酞、葡萄糖、次甲基蓝、浓盐酸、二水合钨酸钠、二水合钼酸钠、85% 磷酸、一水合硫酸锂、溴水、无水碳酸钠、十水合碳酸钠、亚硫酸钠、酒石酸、五倍子酸、锦葵色素 -3- 葡萄糖苷等。

3. 仪器与器皿

容量瓶、烧杯、离心管、玻璃纤维滤膜、三角烧瓶、冷凝管、蒸馏水瓶、圆底烧瓶、锥形瓶、移液枪、移液管、pH 计、手持糖量计、滴定管、比色皿、电炉、烘箱、干燥器、紫外 - 可见光分光光度计、水浴锅等。

四、实验操作流程

实验操作流程如图 1-1 所示。

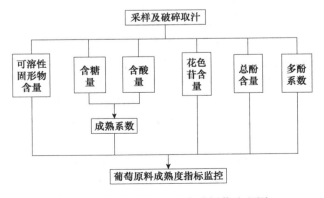

图 1-1　葡萄成熟度分析实验操作流程图

五、实验步骤

（一）采样及破碎取汁

葡萄浆果转色后开始采样，早期每周一次，随着葡萄成熟期临近可调整采样频率为每3～4 d一次。葡萄果实的取样范围覆盖整个葡萄园，但为保证采样检测的客观性，葡萄园最外侧的两行及每一行两端的葡萄树应忽略，一般可在同一片葡萄园中按照一定的间隔标记250株葡萄树，每株随机摘取3粒，分成3份。

1. 可溶性固形物、糖、酸含量的检测

取样后立即将所采取的其中一份250粒浆果压汁，检测浆果的含糖量及含酸量。

2. 福林-肖卡法检验总酚

在另一份葡萄中随机选取30粒浆果，并将其分成3组，每组10粒葡萄。剥离每粒葡萄的果皮和葡萄籽，用滤纸去除其表面的果肉，称量后放入黑胶带包裹的50 mL离心管中，加入10倍质量的缓冲液［18% 体积分数（volume fraction，vol）乙醇，900 mg/L焦亚硫酸钾，7.5 g/L酒石酸，pH 3.2］，25℃、100 r/min充分浸提3 d，取上清液避光保存于-20℃冰箱，用福林-肖卡法检测酚类物质的含量。

3. 多酚系数、花色苷含量的检测

第三份葡萄先粉碎，然后分别称取2份50 g葡萄浆，随后在每份葡萄浆中加入150 mL蒸馏水。其中一份用1 mol/L盐酸调整pH至1.0，然后加入蒸馏水至400 mL；另一份葡萄浆用饱和酒石酸调整pH至3.2，然后再加入蒸馏水至400 mL。两份样在室温放置4 h，并不时搅动，然后用玻璃纤维膜滤出清汁。用于检测多酚系数及花色苷含量。

（二）可溶性固形物含量

1. 仪器的校正

打开手持糖量计（图1-2）盖板，用软布仔细擦净检测棱镜。取蒸馏水数滴，放在检测棱镜上，使蒸馏水遍布棱镜表面，拧动零位调节螺钉，使分界线调节至刻度为0的位置。擦净棱镜后即可进行检测。

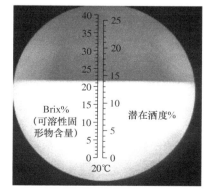

图1-2　手持糖量计　　　　　　　彩图

2. 样品测定

取待测溶液数滴，置于检测棱镜上，轻轻合上盖板（避免产生气泡），使溶液遍布棱镜表面。将仪器进光板对准光源或者明亮处，眼睛从目镜中观察视场，转动目镜调节手轮使视场中的蓝白分界线清晰。分界线上对应的刻度值即为检测溶液的可溶性固形物含量，结果如图 1-2 所示。

（三）含糖量

1. 配制试剂

葡萄糖标准溶液：2.5 g/L。将葡萄糖在 105～110℃的烘箱中干燥 3 h，取出，置于干燥器中冷却，准确称取 2.5000 g（精确至 0.0001 g），用适量水溶解并定容至 1000 mL。

次甲基蓝指示液：10 g/L。称取 1.0 g 次甲基蓝，用适量水溶解并定容至 100 mL。

斐林试剂 A 液：称取 34.7 g 硫酸铜晶体（$CuSO_4 \cdot 5H_2O$），用适量去离子水溶解并定容至 500 mL。

斐林试剂 B 液：分别称取 173.0 g 酒石酸钾钠晶体（$C_4H_4KNaO_6 \cdot 4H_2O$）和 50 g 氢氧化钠，用适量去离子水溶解定容至 500 mL。

2. 标定斐林试剂 A、B 液

预备实验：吸取斐林试剂 A、B 液各 5.00 mL 于 250 mL 锥形瓶中，加 50 mL 去离子水，混合均匀，在电炉上加热至沸腾。在沸腾状态下，用葡萄糖标准溶液滴定，当溶液的蓝色消失而呈现红色时，加两滴蓝色的次甲基蓝指示剂，此时，溶液又变成红色，继续使用葡萄糖标准溶液滴定，直至溶液的蓝色消失。记录消耗葡萄糖标准溶液的体积。

正式实验：吸取斐林试剂 A、B 液各 5.00 mL 于 250 mL 锥形瓶中，加 50 mL 去离子水和比预备实验少 1 mL 的葡萄糖标准溶液，加热至沸腾，2 min 后，加 2 滴蓝色的次甲基蓝指示剂，在沸腾状态下，于 1 min 内用葡萄糖标准溶液滴定至滴定终点（溶液的蓝色消失而呈现红色）。记录消耗的葡萄糖标准溶液的总体积。

计算：按公式（1-1）计算斐林试剂 A、B 液各 5.00 mL 相当于葡萄糖的质量。

$$F = \frac{m_0 V_0}{1000} \tag{1-1}$$

式中：F 为斐林试剂 A、B 液各 5.00 mL 相当于葡萄糖的质量，单位为克（g）；m_0 为配制 1 L 葡萄糖标准溶液称取的葡萄糖质量，单位为克（g）；V_0 为消耗葡萄糖标准溶液的总体积，单位为毫升（mL）。

3. 样品测定

准确吸取一定量的"（一）采样及破碎取汁"中"1. 可溶性固形物、糖、酸含量的检测"中的样品（体积 V_1）于容量瓶（体积 V_2）中，使之所含总含糖量为 0.2～0.4 g，加 5 mL 盐酸溶液（1:1），用去离子水稀释至 20 mL，混合均匀后，于（68±1）℃水浴水解 15 min，取出，冷却，用氢氧化钠溶液中和至中性，调溶液温度为 20℃，用水定容至刻度，制得葡萄酒样品溶液。以葡萄酒样品溶液代替葡萄糖标准溶液，按上述标定斐林试剂 A、B 液的操作方法操作，记录消耗葡萄酒样品溶液的体积（V_3），按公式（1-2）计算葡萄酒样品中的含糖量。

$$m = \frac{1000 F V_2}{V_3 V_1} \tag{1-2}$$

式中：m 为 1 L 葡萄酒样品或干葡萄酒样品中的含糖量，单位为克（g）；V_1 为吸取葡萄酒样品或干葡萄酒样品的体积，单位为毫升（mL）；V_2 为葡萄酒样品或干葡萄酒样品定容后的体积，单位为毫升（mL）；V_3 为消耗葡萄酒样品溶液或干葡萄酒样品溶液的体积，单位为毫升（mL）。

（四）含酸量

1. 配制试剂

氢氧化钠标准溶液：0.05 mol/L。称取 2.0000 g 氢氧化钠，用适量去离子水溶解并定容至 1000 mL。

无二氧化碳水：取一定量的蒸馏水，加热至沸腾并保持沸腾状态 5~10 min。

邻苯二甲酸：6 g/L。将邻苯二甲酸氢钾在 105~110℃ 的烘箱中干燥 2 h，取出，置于干燥器中冷却。准确称取 0.3000 g，用适量无二氧化碳水溶解并定容至 50 mL。

酚酞指示剂：10 g/L。取 1.0 g 酚酞，用适量水溶解并定容至 100 mL。

2. 标定氢氧化钠标准溶液

在配制好的邻苯二甲酸溶液中加入 2 滴酚酞试剂，用配制的氢氧化钠标准溶液滴定至粉红色，保持 30 s 不褪色，即为终点。按照公式（1-3）计算氢氧化钠的浓度。

$$C = \frac{m}{0.2042 \times (V - V_0)}$$

（1-3）

式中：C 为氢氧化钠标准溶液的浓度，单位为摩尔每升（mol/L）；m 为邻苯二甲酸的质量，单位为克（g）；V 为滴定邻苯二甲酸溶液消耗的氢氧化钠溶液的体积，单位为毫升（mL）；V_0 为空白试验消耗的氢氧化钠溶液的体积，单位为毫升（mL）。

3. 样品测定

吸取 2.00 mL "（一）采样及破碎取汁" 中 "1. 可溶性固形物、糖、酸含量的检测" 中的样品（液体温度 20℃）于 250 mL 烧杯中，加入 50 mL 蒸馏水及 2 滴酚酞指示液，用氢氧化钠标准溶液滴定至粉红色，并保持 30 s 不褪色，即为终点。同时做空白试验。按照公式（1-4）计算样品中的总酸，最后所得结果保留一位小数。

$$X = \frac{C \times (V_1 - V_0) \times 75}{V_2}$$

（1-4）

式中：X 为样品中总酸的含量（以酒石酸计算），单位为克每升（g/L）；C 为氢氧化钠标准滴定溶液的浓度，单位为摩尔每升（mol/L）；V_0 为空白试验消耗氢氧化钠标准滴定溶液的体积，单位为毫升（mL）；V_1 为样品滴定时消耗氢氧化钠标准滴定溶液的体积，单位为毫升（mL）；V_2 为量取样品的体积，单位为毫升（mL）；75 为酒石酸的摩尔质量的数值，单位为克每摩尔（g/mol）。

4. 精密度

在重复性条件下获得的两次独立测定结果的绝对值不得超过算术平均值的 3%。

（五）成熟系数的计算

测得含糖量和含酸量后，按照以下公式计算成熟系数：

$$成熟系数（M）= \frac{含糖量}{总酸}$$

（1-5）

（六）总酚含量

1. 配制试剂

福林-肖卡试剂：在 700 mL 蒸馏水中加入 100 g 二水合钨酸钠及 25 g 二水合钼酸钠，将溶液倒入 2 L 的圆底烧瓶中，随后加入 50 mL 85% 磷酸及 100 mL 浓盐酸，并放入几粒玻璃珠，连接冷凝器，加热回流 10 h。回流结束后，用 50 mL 蒸馏水冲洗冷凝管，然后取下。再加入 150 g 一水合硫酸锂及数滴溴水，同时摇匀，加热煮沸 15 min，得到黄色的溶液。冷却后转移至 1 L 的容量瓶中，加水定容。

碳酸钠晶种：在 100 mL 70～80℃的蒸馏水中加入 20 g 无水碳酸钠，冷却后放置过夜。次日加入少许十水合碳酸钠，使结晶析出，用玻璃纤维滤膜过滤后作为晶种。

碳酸钠溶液：17% vol。称取 170 g 无水碳酸钠，溶于 1 L 沸水中，冷却，加入碳酸钠晶种，放置过夜，次日过滤。

多酚标准溶液：分别配制 0、50 mg/L、100 mg/L、150 mg/L、250 mg/L、500 mg/L 的五倍子酸标准溶液。

2. 绘制标准曲线

取 6 支 100 mL 容量瓶，按顺序分别加入 1 mL 多酚标准溶液、60 mL 蒸馏水及 5 mL 福林-肖卡试剂，充分混合。立即加入 15 mL 17% vol 碳酸钠溶液（在 30 s～8 min 内完成），充分混合后，定容至 100 mL。将以上各溶液放置 2 h（20℃），然后用移液枪取 1 mL 溶液置于 1.5 mL 比色皿中，在 765 nm 波长下用紫外-可见分光光度计检测吸光度。以吸光度为横坐标，以相应五倍子酸的浓度为纵坐标绘制标准曲线，利用 Excel 拟合得到一元一次线性方程 $y=ax+b$ 标准曲线，其中 y 为五倍子酸的浓度，x 为吸光度。

3. 样品检测

取 1 mL"（一）采样及破碎取汁"中"2. 福林-肖卡法检验总酚"中的样品加入 100 mL 容量瓶中，然后按顺序分别加入 60 mL 蒸馏水和 5 mL 福林-肖卡试剂，充分混合。立即加入 15 mL 17% vol 碳酸钠溶液（在 30 s～8 min 内完成），充分混合后，定容至 100 mL。将溶液放置 2 h（20℃），然后用移液枪取 1 mL 溶液置于 1.5 mL 比色皿中，在 765 nm 波长下用紫外-可见分光光度计检测吸光度。

4. 实验结果计算

根据测得样品的吸光度数据，套入标准曲线方程计算得到样品中的总酚含量，由于样品为浆果中多酚稀释 10 倍所得，故葡萄原料中的总酚含量需再乘上稀释倍数，即乘以 10。

（七）花色苷含量

1. 配制试剂

亚硫酸钠溶液：10% m/V。称取 5.000 g 无水亚硫酸钠，溶解于一定量的蒸馏水中，并定容至 50 mL。

锦葵色素-3-葡萄糖苷标准溶液：分别配制 5 mg/L、10 mg/L、15 mg/L、20 mg/L、25 mg/L 及 30 mg/L 标准溶液（pH 1.0）。空白样品在 pH 1.0 的缓冲液中加入 0.5 mL 10% 亚硫酸钠溶液。

2. 确定最大吸收波长

取 1 mL 25 mg/L 的锦葵色素-3-葡萄糖苷标准溶液放入 1.5 mL 比色皿中，在可见光范围内进行全波段光谱扫描，确定最大测定吸收波长。

3. 绘制标准曲线

取 1 mL 各种锦葵色素 -3- 葡萄糖苷标准溶液放入 1.5 mL 比色皿中，在最大吸收波长处测定吸光度值，以吸光度为横坐标，以相应标准样品浓度为纵坐标绘制标准曲线，利用 Excel 拟合得到一元一次线性方程 $y=ax+b$ 标准曲线，其中 y 为锦葵色素 -3- 葡萄糖苷的浓度，x 为吸光度。

4. 样品检测

分别吸取"（一）采样及破碎取汁"中"3. 多酚系数、花色苷含量的检测"中 pH 调整为 1.0 的葡萄浆 0.1 mL、0.5 mL、1.0 mL，用 pH 1.0 的缓冲液定容至 10 mL。室温平衡 2 h 后，在最大吸收波长处测定吸光度。取同样量的葡萄浆在定容前加入 1.6 mL 10% 的亚硫酸钠溶液，充分反应后，在相同波长处测定吸光度。

5. 实验结果计算

按照公式（1-6）计算样品中的花色苷含量。

$$A_{pH1.0}=\frac{(A_1-A_2)\times DF}{a} \tag{1-6}$$

式中：$A_{pH1.0}$ 为 pH 为 1.0 的条件下样品中花色苷的含量，单位为毫克每升（mg/L）；A_1 为亚硫酸漂白前溶液的吸光度；A_2 为亚硫酸漂白后溶液的吸光度；a 为采用锦葵色素 -3- 葡萄糖苷标准品绘制标准曲线的斜率；DF 为稀释倍数。

（八）多酚系数

1. 样品检测

取"（一）采样及破碎取汁"中"3. 多酚系数、花色苷含量的检测"中 pH 为 3.2 的葡萄浆，根据"（七）花色苷含量"相关步骤中的描述，检测并计算花色苷的含量 $A_{pH3.2}$。

用移液枪取 1 mL "（一）采样及破碎取汁"中"3. 多酚系数、花色苷含量的检测"中 pH 调整为 3.2 的样品置于 1.5 mL 比色皿中，在 280 nm 波长下用分光光度计检测吸光度，记作总 OD_{280}，以此来反映葡萄浆果中总的优质单宁成分。

2. 实验结果计算

1）葡萄花色苷的可浸提能力　利用公式（1-7）确定葡萄花色苷的可浸提能力。

$$AE（\%）=\frac{A_{pH1.0}-A_{pH3.2}}{A_{pH1.0}}\times 100 \tag{1-7}$$

式中：AE（%）为葡萄花色苷的可浸提能力；$A_{pH1.0}$ 为 pH 为 1.0 的条件下，样品中花色苷的含量，单位为毫克每升（mg/L）；$A_{pH3.2}$ 为 pH 为 3.2 的条件下，样品中花色苷的含量，单位为毫克每升（mg/L）。

2）源于种子的单宁含量　葡萄浆果中源于种子的单宁所占的比例 MP 可通过公式（1-8）计算。

$$MP（\%）=\frac{总 OD_{280}-果皮 OD_{280}}{总 OD_{280}}\times 100=\frac{总 OD_{280}-40\times A_{pH3.2}}{总 OD_{280}}\times 100 \tag{1-8}$$

式中：MP（%）为葡萄浆果中源于种子的单宁所占的比例；总 OD_{280} 为 pH 为 3.2 的条件下，样品在 280 nm 波长的吸光度。

六、结果讨论

首先认真记录实验结果，对各项数据进行必要的统计学分析，建议从以下四个方面进行结果讨论。

（1）根据葡萄浆果的可溶性固形物、成熟系数、多酚和花色苷的含量及多酚成熟度，从不同维度展开葡萄浆果成熟度的讨论，并根据上述指标对原料分级。

（2）分析转色期后浆果多酚及花色苷成熟度与浆果成熟系数、可溶性固形物含量的变化趋势是否一致，并据此讨论是否可使用上述任一单一指标有效反映葡萄浆果的成熟度。

（3）进一步对已有数据进行处理，分析转色期后葡萄浆果多酚含量与多酚成熟度的变化趋势，讨论浆果中的优质多酚在转色期后的积累情况。

（4）组织组内成员对供试样品进行品尝，综合感官评价及各级理化指标，讨论分析应如何全面评判葡萄浆果的成熟度。

七、总结与展望

根据实验结果的分析讨论，撰写实验报告，并详述各指标检测的操作规范，根据已有的实验操作展望下次同类实验或研发工作的必要处理措施，如对样品检测时稀释倍数及各项实验条件（如电炉功率、滴定速度等）进行优化，减少其对实验结果的影响。

八、思考题

（1）判断葡萄原料成熟度的技术指标有哪些？
（2）如何科学地确定某一葡萄园酿酒葡萄的采收期？

实验二　葡萄除梗破碎实验

一、目的意义

（1）熟悉除梗破碎前对葡萄原料进行卫生状况检查的要点；
（2）理解除梗率、破碎率及压榨汁对葡萄酒风味质量的影响；
（3）学习按照原料特点及工艺要求调整除梗率、破碎率及压榨汁比例的方法。

二、基础理论

葡萄采收后，通常应尽快进行除梗和破碎。除梗是指将葡萄的果梗和果粒分开，由于果梗占葡萄总体积的30%左右，因此除梗有助于减少发酵体积与皮渣总量。此外，由于果梗中含有较多的劣质多酚，具有收敛性的涩味和苦味，因此除梗有利于改良葡萄酒的味感。但对于酚类物质含量较低的红葡萄品种，保持相对更低的除梗率有助于增强酒体中单宁的含量。尽管除梗机能去除葡萄果粒之外的果梗和枝叶，但这一过程并不能去除僵果、青果、霉果、烂果等不符合标准的浆果，这些杂物的存在势必会影响葡萄酒的品质，因此往往在机械处理前先完成原料分析及分选，以尽量保证葡萄的潜在质量，同时避免上述杂物对原料泵、除梗破碎机等设备造成损坏。

破碎是将葡萄原料压破，有利于果汁的流出，从而使原料的泵送成为可能。提高破碎强度可增加果汁的流出，由于果汁与浆果充分接触，有利于酒体对葡萄果皮中的单宁、色素、香气物质的浸提。除此之外，破碎还方便对原料进行二氧化硫处理、有利于酵母的活动。但对于卫生质量状况不好的原料，浆果的破损和破碎过程中的通风会引起氧化从而影响葡萄酒的质量，因此必要时需要进行二氧化硫处理。

除梗和破碎一般同时在除梗破碎机（图1-3）中进行，其工作原理是：当葡萄从料斗投入后，在螺旋的推动下向右进入筛筒进行除梗。梗在除梗螺旋的作用下被摘除并从果梗出口排出。浆果从筛孔中排出，并在螺旋片的推动下落入破碎装置中，由下部的螺旋排料装置排出。

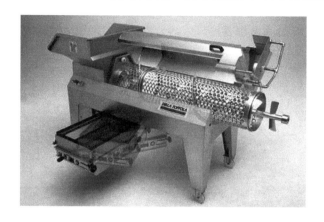

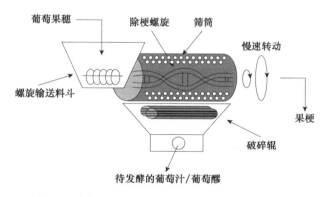

图1-3 除梗破碎机及内部结构示意图　　　　彩图

除梗率的调整可通过调整手轮调节活门的开度来实现，当工艺要求为完全不除梗时，可将活门全部打开，此时葡萄直接进入破碎装置进行破碎而除梗装置则停止运转。破碎率可通过调节破碎辊的轴间距调整，但若工艺要求完全不破碎，可将破碎装置下部的4个轮子推向右边，使原料直接由螺旋排料装置排出。现今的趋势是，生产优质葡萄酒时，仅对葡萄进行轻微破碎，并在必要时通过延长浸渍时间加强浸渍作用。

在实际操作中，应在开机前仔细检查机器的卫生状况、各机械传动部分，并按原料特点及工艺要求调整除梗率和破碎率后开机。机器运转正常方可均匀投料，并严防杂物投入，以免损坏机器。在运转中如果出现故障，如堵塞，应立即停机调整。应保持设备的清洁卫生，发酵季过后应将机器彻底冲洗干净。

　　与红葡萄酒带皮发酵不同，白葡萄酒是清汁发酵，因此取汁工艺、出汁速度及质量是影响白葡萄酒质量至关重要的工艺条件。通常取汁是通过压榨机对新鲜的白葡萄施以一定的机械压力实现的，目前所使用的主要的压榨机类型有篮式压榨机、双压板压榨机及气囊压榨机，其中篮式压榨机操作时间最长，使用时需要注意防止葡萄汁氧化。而双压板压榨机和气囊压榨机均可缩短葡萄汁流出的时间，并且在操作时种子不会被破损，可以生产高品质的压榨汁，因此目前被广泛使用。气囊压榨机（图 1-4）是目前在葡萄酒生产中广泛使用的压榨设备，其工作原理是，当压榨室充满物料时，气室充气，容积逐渐增大，同时压榨室容积减少，原料因挤压而流出果汁，果汁从筛孔中挤出，流入下部集汁槽内。一般通过多次压榨增加出汁率，压榨的压力逐次递升。此时的操作要点可总结为数轮的"加压 - 保压 - 降压 - 旋转松渣"。

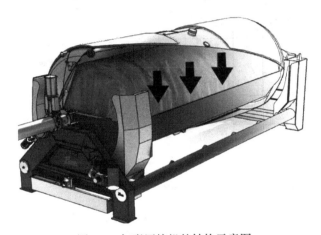

图 1-4　气囊压榨机的结构示意图

箭头表示气囊充气，压力增大

　　一般情况下生产白葡萄酒时，压榨汁约占 30%，为增加白葡萄的出汁率，一般采用多次压榨，即一次压榨过后，疏松残渣，再进行压榨，但二次压榨汁酿得的酒浓厚发涩，在实际生产中应根据原料质量合理进行工艺设计以控制二次压榨汁的比例。

三、材料与器皿

1. 材料

准备发酵的新鲜葡萄。

2. 试剂

乙醇、焦亚硫酸钾、1 mol/L 盐酸、氢氧化钠、邻苯二甲酸氢钾、酒石酸钾钠、硫酸铜、酚酞、葡萄糖、次甲基蓝、浓盐酸、二水合钨酸钠、二水合钼酸钠、85% 磷酸、一水合硫酸锂、溴水、十水合碳酸钠、酒石酸、五倍子酸等。

3. 仪器与器皿

除梗破碎机、气囊压榨机、万分之一天平、容量瓶、烧杯、三角烧瓶、冷凝管、蒸馏水瓶、圆底烧瓶、移液枪、移液管、手持糖量计、滴定管、比色皿、电炉、紫外 - 可见光分光光度计、水浴锅等。

四、实验操作流程

实验操作流程如图 1-5 所示。

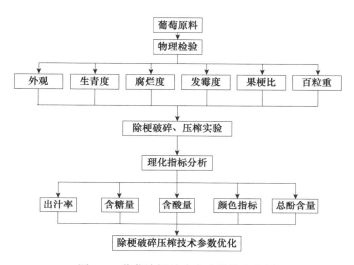

图 1-5 葡萄除梗破碎实验操作流程图

五、实验步骤

（一）葡萄原料的物理检查

1. 外观

对葡萄原料及包装进行全面的外观检查，包括观察运输原料的箱、筐内有无杂物、异味，随机取若干葡萄，观察其卫生状况、形态、色泽、清洁度、果粒大小，检查其成熟是否均一、味道是否醇正。

2. 生青度

随机选取若干果穗，称其质量 m，摘下果粒，称量其质量，记录质量 m_1，然后从果粒中挑拣出青果，称重并记录质量 m_2，按照生青度 $= \dfrac{m_2}{m_1} \times 100\%$，计算原料的生青度。

3. 腐烂度

从样品中挑出烂果、僵果，称重并记录质量 m_3，按照腐烂度 $= \dfrac{m_3}{m_1} \times 100\%$，计算原料的腐烂度。

4. 发霉度

从样品中拣出霉果，称重并记录质量 m_4，按照发霉度 $= \dfrac{m_4}{m_1} \times 100\%$，计算原料的发霉度。

5. 果梗比

按照果梗比 $=\dfrac{m-m_1}{m}\times 100\%$，计算原料的果梗比。

6. 百粒重

随机选取若干果穗，并随机摘下 100 个果粒，称量其质量，精确至 0.1 g。

（二）除梗破碎、压榨实验

以白葡萄为实验原料，调整除梗破碎机的除梗率和破碎率，进行以下处理。

处理 I：除梗率 10%，破碎率 10%，压榨；

处理 II：除梗率 50%，破碎率 10%，压榨；

处理 III：除梗率 100%，破碎率 10%，压榨；

处理 IV：除梗率 10%，破碎率 20%，压榨；

处理 V：除梗率 50%，破碎率 20%，压榨；

处理 VI：除梗率 100%，破碎率 20%，压榨。

（三）理化指标分析

1. 出汁率

分别检测葡萄浆自流汁及经过压榨后流出葡萄汁的质量，然后按照公式（1-9）和公式（1-10）计算自流汁率和总出汁率。

$$自流汁率 = \frac{m_1}{m}\times 100\% \tag{1-9}$$

$$总出汁率 = \frac{(m_1+m_2)}{m}\times 100\% \tag{1-10}$$

式中：m_1 为葡萄浆自流汁的质量，单位为千克（kg）；m_2 为经压榨后流出的果汁质量，单位为千克（kg）；m 为葡萄原料的质量，单位为千克（kg）。

2. 颜色指标

准确吸取 1 mL 样品置于一 1 mm×1.5 mL 的比色皿中，以蒸馏水为对照，在 420 nm、520 nm 和 700 nm 处分别测定吸光度，按照公式（1-11）和公式（1-12）计算色深和色调。

$$色深 = (A_{520}-A_{700}) + (A_{420}-A_{700}) \tag{1-11}$$

$$色调 = \frac{A_{520}-A_{700}}{A_{420}-A_{700}} \tag{1-12}$$

式中：A_{520} 为样品在 520 nm 处的吸光度；A_{700} 为样品在 700 nm 处的吸光度；A_{420} 为样品在 420 nm 处的吸光度。

3. 糖、酸、总酚含量

按照本章实验一的相关操作步骤对各处理所获得的葡萄汁进行糖、酸、总酚含量的检测。

六、结果讨论

认真记录实验结果，按照类别汇总，做图表分析结果并讨论，建议从以下三点展开。

（1）原料的卫生质量状况：根据原料的外观、生青度、腐烂度、发霉度及成熟度，综合分析供试原料的特点，讨论应如何合理设置原料机械处理的除梗率、破碎率及出汁率。

（2）自流汁和压榨汁：计算原料的出汁率，分别分析自流汁和各压榨汁的含糖量、含酸量、色度、色调等指标，比较其优缺点，并根据原料特点和工艺要求讨论应如何设置压榨汁的量。

（3）除梗率和破碎率：对不同处理所获得的葡萄汁的各指标进行单因素方差分析，讨论除梗率、破碎率对葡萄汁理化指标的影响。进一步对葡萄汁的感官质量进行描述，讨论欲获得优质葡萄汁应如何设置除梗率和破碎率。

七、总结与展望

根据实验结果的分析讨论，撰写实验报告，制订针对葡萄原料状况的除梗破碎率，并详述调节除梗破碎率的操作规范。根据已有实验操作及其结果，展望下次同类实验或研发工作的必要处理措施，如①落实决定葡萄除梗破碎率的关键依据指标；②抓住红葡萄酒和白葡萄酒产品开发的主要设计要点，做好除梗破碎和压榨的技术优化。

八、思考题

（1）决定原料机械处理时除梗破碎率的技术指标有哪些？
（2）简述白葡萄汁压榨的操作要点。

实验三　二氧化硫处理实验

一、目的意义

（1）理解和运用二氧化硫处理的工艺参数；
（2）熟练掌握葡萄酒酿造过程中二氧化硫的添加。

二、基础理论

葡萄表皮存在很多微生物，包括酵母、乳酸菌、醋酸菌、霉菌等，其中许多微生物的活动不利于葡萄酒的酿造。为净化发酵基质，保证发酵顺利、健康进行，可向葡萄汁或葡萄醪中添加一定量的二氧化硫。二氧化硫在发酵基质中以游离态（HSO_3^-）、分子态（SO_2）和结合态三种形式存在，其中分子态 SO_2 的杀菌作用最强。葡萄自身附着的微生物对于二氧化硫的抵抗能力各不相同，其中细菌最为敏感。对于酵母而言，二氧化硫的抑制作用取决于酵母的种和菌株，如柠檬形克勒克酵母对二氧化硫较为敏感，而一些商业酿酒酵母菌株则具有较强的二氧化硫耐受性。因此可以通过调整二氧化硫的添加量选择相应的发酵微生物。二氧化硫对基质中发酵微生物活动的抑制作用可推迟酒精发酵的触发，从而有助于悬浮物的沉淀，因此在白葡萄汁中添加二氧化硫还有利于果汁的澄清。对于破损或霉变的葡萄原料，二氧化硫处理可抑制发酵基质中的多酚氧化酶，从而抑制发酵初期酚类物质的氧化。此外，较高浓度的二氧化硫可以增加发酵基质的酸度、促进果汁对果皮中的色素和酚类物质的浸提。

常用的二氧化硫添加剂有固体（焦亚硫酸钾）、液体（亚硫酸）和气体（燃烧硫黄产生的二氧化硫）三种形式。通常情况下，应在葡萄破碎或取汁的同时添加一定量的二氧化硫（50～100 mg/L），但二氧化硫的添加量受多种因素的影响。由于二氧化硫可与糖结合，因此基质中的含糖量越高，添加量应相应增加，同时温度增加有助于二氧化硫与糖结合。而对于含酸量高的葡萄原料，二氧化硫处理后基质中分子态二氧化硫比例增加，此时可适当减少二氧化硫的添加量。另外，对于卫生状况较差的原料，需加大二氧化硫的添加量，抑制多酚氧化酶活性，从而防止原料的氧化。

GB/T 15038—2006《葡萄酒、果酒通用分析方法》里检测葡萄酒中二氧化硫的方法有碘量法和氧化法。其中，通过碘量法对游离二氧化硫的检测是依据碘可以与二氧化硫发生氧化还原反应的性质，用碘标准溶液作为滴定剂，淀粉作为指示剂，测定样品中二氧化硫的含量。而为了检测样品中的总二氧化硫，还需在碱性条件下，将结合态二氧化硫转化为游离二氧化硫，然后再用碘标准溶液滴定，得到样品中结合态二氧化硫的含量。利用氧化法的工作原理为：在低温条件下，样品经磷酸酸化释放游离二氧化硫，游离二氧化硫被过氧化氢氧化生成硫酸，可用碱标准溶液滴定，以甲基红 - 次甲基蓝混合指示剂从紫红色转变为橄榄绿色来确定终点，经计算可得到样品中游离二氧化硫的含量。而在加热条件下，样品中的结合二氧化硫被释放，其含量可进而通过氧化法测量。使用上述两种方法检测样品中的二氧化硫含量各有利弊，碘量法的优点是检测过程比较快速、简便、精确度高，缺点是配制试剂烦琐、时间长（两周才能配好）、测颜色深的果酒或葡萄酒时终点不容易判断；而氧化法的优点是所需试剂配制简单，结果不受样品颜色影响，缺点是反应过程时间长。

三、材料与器皿

1. 材料
准备发酵的白葡萄汁。

2. 试剂
氢氧化钠、邻苯二甲酸氢钾、酒石酸钾钠、硫酸铜、酚酞、葡萄糖、焦亚硫酸钾、亚硫酸、碘、碘化钾、五水合硫代硫酸钠、重铬酸钾、可溶性淀粉、氯化钠、硫酸、过氧化氢、氢氧化钠、甲基红、次甲基蓝、85% 磷酸、30% 氢氧化钠等。

3. 仪器与器皿
容量瓶、烧杯、锥形瓶、碘量瓶、滴定管、短颈球瓶、广口玻璃发酵瓶、三通连接管、通气管、直管冷凝管、弯管、真空蒸馏接收管、梨形瓶、气体洗涤器、直角弯管、冰浴、真空泵、移液管、电炉、刻度吸管等。

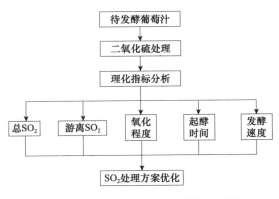

图 1-6　二氧化硫处理实验操作流程图

四、实验操作流程

实验操作流程如图 1-6 所示。

五、实验步骤

（一）二氧化硫处理

取待发酵的白葡萄汁 4.0 L，均匀分装 800 mL 至 5 个 1000 mL 的广口玻璃发酵瓶中，装液量为 800 mL，然后进行如下处理。

处理 I：添加一定量的焦亚硫酸钾或 6% 亚硫酸，使葡萄汁中总二氧化硫浓度为 80 mg/L；

处理 II：添加一定量的焦亚硫酸钾或 6% 亚硫酸，使葡萄汁中总二氧化硫浓度为 60 mg/L；

处理 III：添加一定量的焦亚硫酸钾或 6% 亚硫酸，使葡萄汁中总二氧化硫浓度为 40 mg/L；

处理 IV：添加一定量的焦亚硫酸钾或 6% 亚硫酸，使葡萄汁中总二氧化硫浓度为 20 mg/L；

处理 V：不做二氧化硫处理。

二氧化硫的添加量按照如下标准计算。

1）焦亚硫酸钾　焦亚硫酸钾是葡萄酒酿造过程中最常见的二氧化硫固体添加剂，其理论二氧化硫含量为 57%，但在试剂应用中，其用量按 50% 计算。焦亚硫酸钾常用于葡萄原料接收时，也可用于葡萄破碎或取汁，其用量按照公式（1-13）计算。

$$M = \frac{C \times V}{50\% \times 1000} \qquad (1\text{-}13)$$

式中：M 为焦亚硫酸钾的添加量，单位为克（g）；C 为目标二氧化硫的浓度，单位为毫克每升（mg/L）；V 为葡萄醪／汁的体积，单位为升（L）；50% 为焦亚硫酸钾中二氧化硫的含量。

焦亚硫酸钾溶液：用焦亚硫酸钾配制的二氧化硫液体添加剂，其用量也按照 50% 计算，即 5%（m/V）的二氧化硫溶液是由 10 g 焦亚硫酸钾溶解于 100 mL 蒸馏水所得。添加的焦亚硫酸钾溶液的体积可按照公式（1-14）计算。

$$V_{焦} = \frac{C \times V_1}{10 \times C_1} \qquad (1\text{-}14)$$

式中：$V_{焦}$ 为焦亚硫酸钾溶液的体积，单位为毫升（mL）；C 为目标二氧化硫的浓度，单位为毫克每升（mg/L）；V_1 为葡萄醪／汁的体积，单位为升（L）；C_1 为焦亚硫酸钾溶液的二氧化硫浓度，单位为 mg/L。

2）亚硫酸溶液　亚硫酸溶液是最常用的液体二氧化硫添加剂之一，其用量可按照公式（1-15）计算。

$$V_{亚} = \frac{C \times V_1}{10 \times C_2} \qquad (1\text{-}15)$$

式中：$V_{亚}$ 为亚硫酸溶液的体积，单位为毫升（mL）；C 为目标二氧化硫的浓度，单位为毫克每升（mg/L）；V_1 为葡萄醪／汁的体积，单位为升（L）；C_2 为亚硫酸溶液的二氧化硫浓度，单位为 mg/L。

（二）指标检测

在二氧化硫处理后的第 1 h、6 h、12 h、18 h、24 h 及 3 d、5 d、7 d 取样，检测样品中的游离二氧化硫与总二氧化硫含量、葡萄汁的氧化程度、起酵时间及发酵速度。

1. 游离二氧化硫与总二氧化硫含量

1）直接碘量法

（1）试剂的配制与标定。

硫酸溶液（1∶3）：取 50 mL 浓硫酸，缓慢加入到 150 mL 蒸馏水中。

淀粉指示剂溶液：10 g/L。称取 1 g 可溶性淀粉，用少许水调成糊状，缓缓倾入 100 mL 沸水中，并加入 4 g 氯化钠。

氢氧化钠溶液：100 g/L。称取 10 g 氢氧化钠置于烧杯中，加入适量蒸馏水溶解，再转移至 100 mL 容量瓶定容。

硫代硫酸钠标准溶液：0.1 mol/L。称取 26 g 五水合硫代硫酸钠，用新煮沸且已冷却的蒸馏水溶解，并定容至 1000 mL，混匀。贮于棕色瓶中，放置两周后使用。

硫代硫酸钠标准溶液的标定：称取 0.15 g 于 120℃烘至恒重的重铬酸钾，精确至 0.001 g，置于碘量瓶（图 1-7）中，加入 25 mL 蒸馏水使之溶解，加 2 g 碘化钾及 20 mL 硫酸溶液 1∶4 混匀，于暗处放置 10 min，加入 150 mL 蒸馏水，用硫代硫酸钠标准溶液滴定。临近终点时加 0.5 mL 淀粉指示剂溶液，继续滴定至溶液由蓝色变为亮绿色。记录消耗的硫代硫酸钠标准溶液的体积 V_1。同时做空白试验，记录消耗硫代硫酸钠标准溶液的体积 V_2。硫代硫酸钠标准溶液的浓度为：

图 1-7　碘量瓶

$$C_1 = \frac{m_{重铬酸钾}}{0.04903 \times (V_1 - V_2)} \tag{1-16}$$

式中：C_1 为硫代硫酸钠标准溶液的浓度，单位为摩尔每升（mol/L）；$m_{重铬酸钾}$ 为重铬酸钾的质量，单位为克（g）。

碘标准溶液 1：0.1 mol/L。称取 6.5 g 碘及 17.5 g 碘化钾，溶于 50 mL 蒸馏水中，将其转移至 500 mL 容量瓶中并定容，混匀。保存于棕色具塞瓶中待用。

碘标准溶液 1 的标定：吸取 30 mL 0.1 mol/L 碘标准溶液，置于碘量瓶中，加入 150 mL 蒸馏水，用 0.1 mol/L 硫代硫酸钠标准溶液滴定，临近终点时加 0.5 mL 淀粉指示剂溶液，继续滴定至溶液蓝色消失。记录消耗的硫代硫酸钠标准溶液的体积 V_3。同时做空白试验，取 250 mL 蒸馏水，加 0.05 mL 配制好的碘标准溶液及 0.5 mL 淀粉指示剂溶液，用硫代硫酸钠标准溶液滴定至蓝色消失，记录消耗的硫代硫酸钠标准溶液的体积 V_4。碘标准溶液的浓度为：

$$C_2 = \frac{C_1 \times (V_3 - V_4)}{V_{碘液}} \tag{1-17}$$

式中：C_2 为碘标准溶液的浓度，单位为摩尔每升（mol/L）；$V_{碘液}$ 为碘液体积，单位为毫升（mL）。

碘标准溶液 2：0.02 mol/L。吸取 50 mL 0.1 mol/L 碘标准溶液 1，转移至 250 mL 容量瓶，定容后混匀待用。

（2）取样。对于红葡萄醪，压帽后，准确量取 90 mL 葡萄汁样品于清洁干燥的烧杯中备用；而白葡萄汁则直接取同量的汁待检。

（3）游离二氧化硫的测定。用移液管准确吸取 50.00 mL 葡萄酒样品于 250 mL 碘量瓶中，加入少量碎冰块，再加入 1 mL 淀粉指示剂溶液及 10 mL 硫酸溶液（1∶3），用 0.02 mol/L 碘标准溶液迅速滴定至淡蓝色，保持 30 s 不变即为终点，记下消耗的碘标准溶液的体积 V，同时做空白试验，记下消耗的碘标准溶液的体积 V_0，按照公式（1-18）计算游离二氧化硫的含量：

$$X_1 = \frac{C_2 \times (V - V_0) \times 32}{50} \times 1000 \qquad (1\text{-}18)$$

式中：X_1 为样品中游离二氧化硫的含量，单位为毫克每升（mg/L）；C_2 为碘标准溶液浓度，单位为摩尔每升（mol/L）；V 为样品测定时消耗的碘标准溶液的体积，单位为毫升（mL）；V_0 为空白试验消耗的碘标准溶液的体积，单位为毫升（mL）；32 为二氧化硫的摩尔质量的数值，单位为克每摩尔（g/mol）；50 为取样体积，单位为毫升（mL）。

（4）总二氧化硫的测定。用移液管准确吸取 25.00 mL 氢氧化钠溶液于 250 mL 碘量瓶中，再准确吸取 25.00 mL 样品，以吸管尖端插入氢氧化钠溶液的方式加入碘量瓶中。摇匀加盖，静置 15 min。随后再加入少量碎冰块、1 mL 淀粉指示剂溶液及 10 mL 硫酸溶液（1∶3），用 0.02 mol/L 碘标准溶液迅速滴定至淡蓝色，保持 30 s 不变即为终点，记下消耗的碘标准溶液的体积 V，同时做空白试验，记下消耗的碘标准溶液的体积 V_0，按照公式（1-19）计算总二氧化硫的含量。

$$X_2 = \frac{C_2 \times (V - V_0) \times 32}{25} \times 1000 \qquad (1\text{-}19)$$

式中：X_2 为样品中总二氧化硫的含量，单位为毫克每升（mg/L）；C_2 为碘标准溶液浓度，单位为摩尔每升（mol/L）；V 为样品测定时消耗的碘标准溶液的体积，单位为毫升（mL）；V_0 为空白试验消耗的碘标准溶液的体积，单位为毫升（mL）；32 为二氧化硫的摩尔质量的数值，单位为克每摩尔（g/mol）；25 为取样体积，单位为毫升（mL）。

2）氧化法

（1）试剂的配制及标定。

过氧化氢溶液：0.3%。吸取 1 mL 30% 过氧化氢，加入适量水稀释，转移至 100 mL 容量瓶中定容（使用当天配制）。

磷酸溶液：25%。量取 295 mL 85% 溶液，转移至 1000 mL 容量瓶中，加水定容。

氢氧化钠标准溶液：0.01 mol/L。配制及标定方法参考本章实验一，按比例配制。

甲基红：1 g/L。称取 0.1 g 甲基红溶解于 95% 乙醇，转移至 100 mL 容量瓶，并用 95% 乙醇定容。

次甲基蓝：1 g/L。称取 0.1 g 次甲基蓝溶解于 95% 乙醇，转移至 100 mL 容量瓶，并用 95% 乙醇定容。

甲基红 - 次甲基蓝混合指示液：取上述的甲基红溶液 100 mL、次甲基蓝溶液 50 mL，混匀待用。

（2）取样。方法同"直接碘量法"。

（3）游离二氧化硫的测定。按图 1-8 连接二氧化硫测定装置，再将 I 管与真空泵连

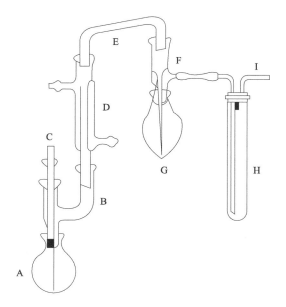

图 1-8　二氧化硫测定装置示意图

A：短颈球瓶；B：三通连接管；C：通气管；D：直管冷凝管；E：弯管；F：真空蒸馏接收管；G：梨形瓶；H：气体洗涤器；I：直角弯管

接、D 管通入冷却水。取下梨形瓶 G 和气体洗涤器 H,并分别加入 20 mL 及 5 mL 过氧化氢溶液。再往两容器中加入 3 滴甲基红 - 次甲基蓝混合指示剂,溶液立即呈紫色。然后,滴入氢氧化钠标准溶液至液体为橄榄绿色,再将两容器按照图 1-8 安装妥当。将短颈球瓶 A 浸入冰浴中。

吸取 20 mL 样品,经通气管 C 加入 A 瓶中,用相同的方法往 A 中添加 10 mL 磷酸溶液。

开启真空泵(气流量 1000~500 mL/min),抽气 10 min。取下梨形瓶 G,用氢氧化钠标准溶液滴定至橄榄绿色,即为终点,记录消耗的氢氧化钠标准溶液的体积 V。一般情况下气体洗涤器 H 中溶液应不变色,若溶液呈紫色,则需氢氧化钠标准溶液滴定至橄榄绿色,并将所消耗的体积与滴定 G 瓶消耗的体积相加,作为测定游离二氧化硫消耗氢氧化钠标准溶液的体积。再用相同体积的蒸馏水做空白试验,操作同上,记录消耗的氢氧化钠标准溶液的体积 V_0。样品中游离二氧化硫的含量按照公式(1-20)进行计算。

$$X_1 = \frac{C_2 \times (V - V_0) \times 32}{20} \times 1000 \qquad (1\text{-}20)$$

式中:X_1 为样品中游离二氧化硫的含量,单位为毫克每升(mg/L);C_2 为氢氧化钠标准溶液的浓度,单位为摩尔每升(mol/L);V 为样品测定时消耗的氢氧化钠标准溶液的体积,单位为毫升(mL);V_0 为空白试验消耗的氢氧化钠标准溶液的体积,单位为毫升(mL);32 为二氧化硫的摩尔质量的数值,单位为克每摩尔(g/mol);20 为取样体积,单位为毫升(mL)。

(4)结合态二氧化硫的测定。将滴定游离二氧化硫结束后的装置重新连接好,拆除短颈球瓶 A 下的冰浴,替换为电炉。用文火小心加热 A 瓶,使瓶内的溶液保持微沸。开启真空泵,然后操作同之前"游离二氧化硫的测定"的步骤。样品中结合态二氧化硫的含量按照公式(1-21)计算。

$$X_2 = \frac{C_2 \times V_1 \times 32}{20} \times 1000 \qquad (1\text{-}21)$$

式中:X_2 为样品中结合态二氧化硫的含量,单位为毫克每升(mg/L);C_2 为氢氧化钠标准溶液的浓度,单位为摩尔每升(mol/L);V_1 为测定结合态二氧化硫时消耗的氢氧化钠标准溶液的体积,单位为毫升(mL);32 为二氧化硫的摩尔质量的数值,单位为克每摩尔(g/mol);20 为取样体积,单位为毫升(mL)。

(5)总二氧化硫含量测定。样品中的总二氧化硫含量 $X = X_1 + X_2$。

2. 氧化程度

葡萄汁中含有酚类物质、氧化酶、酪氨酸等易氧化物质,在葡萄酒酿造过程中容易被氧化,使葡萄酒呈现不同程度的褐变,因此可以通过检测颜色指标、观察葡萄酒的外观反映其氧化程度。样品颜色指标的检测参考本章实验二的相关内容。

3. 起酵时间及发酵速度

存在于葡萄汁中的野生酵母能够利用葡萄汁中的糖分发酵产生酒精和二氧化碳,因此可以通过检验样品中的糖含量得出起酵时间及发酵速度。对于葡萄汁中糖含量的检测参照本章实验一中的方法。

六、结果讨论

认真记录并分析实验结果。结果的讨论与分析,建议从以下四点展开。

(1)分析二氧化硫检测时的实验因素,如取样方法、温度、水中的二氧化碳浓度对实验结果的影响；

（2）分析二氧化硫的添加量对葡萄汁酒精发酵触发时间、发酵速度、抗氧化的影响；

（3）分析二氧化硫处理后，样品中游离二氧化硫随时间的变化，以及这种变化对葡萄汁酒精发酵速度的影响；

（4）分析各处理样品中游离二氧化硫／结合态二氧化硫的动态变化，结合样品的发酵速度及其颜色指标，讨论究竟是游离二氧化硫还是结合态二氧化硫主导葡萄酒发酵过程中微生物的选择及抗氧化作用。

七、总结与展望

根据实验结果的分析讨论，撰写实验报告，制订葡萄汁中二氧化硫处理的方案，并详述操作规范。根据已有实验操作及其结果，展望同类实验或研发工作的必要处理措施，如①氧化法测二氧化硫时的关键操作步骤，如通气量、温度的控制等；②如何针对原料的质量状况进行不同浓度的二氧化硫处理，可对其进行技术优化。

八、思考题

（1）判断葡萄原料二氧化硫添加量的技术指标有哪些？
（2）检测葡萄汁和葡萄酒中的二氧化硫时有哪些注意事项？
（3）请比较白葡萄酒和红葡萄酒酿造前进行二氧化硫处理的差异。

实验四　葡萄汁澄清处理实验

一、目的意义

（1）熟悉葡萄汁澄清剂的种类及其功能；
（2）掌握葡萄汁澄清处理的操作；
（3）能够根据葡萄汁的质量设计合理的澄清处理方案。

二、基础理论

经过破碎分离的葡萄汁，含有大量野生杂菌、悬浮物，如果用其直接发酵，则会给酒中带入一些不应有的怪味，如土腥味、霉味，以及不应有的成分，如尘土中溶入的铁、杂菌繁殖增加的挥发酸等，使发酵不正常，生成的酒质量低劣。为此，需要利用澄清剂及不同的方法对葡萄汁进行处理，以得到理想的葡萄汁。

影响葡萄汁澄清的因素主要有以下三个：一是蛋白质引起的雾浊，二是多酚物质不稳定引起的浑浊，三是果胶形成的胶体阻碍悬浮物质的絮凝。因此，可添加合适的下胶材料，使之与目标组分相互作用，产生不溶性的沉淀，从而能将引起浑浊的物质从果汁中去除。

动物蛋白，如明胶、鱼胶、蛋清、酪蛋白等可用于去除引起浑浊的多酚类物质，在下胶过程中，这些动物蛋白作为氢键供体可与多酚（氢键受体）结合，形成不溶性的沉淀。蛋白质类的下胶剂还可用于改良白葡萄汁因压榨不当引起的苦味或褐变。目前用于葡萄汁澄清的各种动物蛋白都是过敏原，尽管相关研究表明使用动物蛋白澄清的葡萄酒对敏感受试者引起的反应非常微弱，但在葡萄酒生产过程中使用这类下胶剂都需要有标注。除了天然蛋白质，具有刚性和多孔性的聚乙烯聚吡咯烷酮（PVPP）可通过氢键和非极性作用，选择性地与小分子酚类物质，如黄烷-3-醇结合，形成沉淀。

葡萄汁中的类甜蛋白和几丁质酶容易变性、聚集而形成雾浊，这些蛋白质是葡萄浆果响应抗病原体侵染过程中产生的，因此统称为病程相关蛋白（PR蛋白）。通常使用膨润土消除PR蛋白，其原理是在葡萄酒pH（理想情况下，白葡萄酒的pH为3.0～3.4，而红葡萄酒的pH为3.3～3.6）条件下，膨润土带负电，可吸附带正电荷的PR蛋白。除了去除蛋白质，膨润土还可非选择性地去除葡萄汁中的其他成分，如脂肪酸类物质，从而影响葡萄酒的品质。

葡萄汁中的果胶是多糖类物质，来源原果胶。而原果胶是葡萄浆果细胞壁的主要构成成分之一，不溶于水。在葡萄浆果成熟过程中，原果胶在原果胶酶的作用下逐渐被分解为果胶酸和果胶酯酸，它们可溶于水形成胶体。在葡萄汁中，带负电荷的果胶会包裹带正电荷的葡萄固体形成胶体，影响其他胶体物质和悬浮物质的絮凝反应，进而影响葡萄汁的澄清。可通过添加果胶酶，部分降解果胶，破坏胶体平衡，使之能够吸附带正电荷的小颗粒固体物质，随着吸附作用的发生，颗粒半径逐渐增大至沉淀，从而达到澄清目的。主要的果胶酶有果胶裂解酶、果胶水解酶和果胶甲酯化酶三种类型，其中果胶甲酯化酶对甲基化的葡萄果胶作用会产生甲醇。此外，在商业化果胶酶制剂中通常还含有糖苷酶，能释放以糖苷形式存在的芳香物质，增强葡萄酒的风味。

通常使用浊度计检测葡萄酒的澄清度，其原理是分析待测溶液对光线通过所产生的阻碍程度，包括悬浮物对光的散射和溶质分子对光的吸收，以浊度单位（nephelometric turbidity unit，NTU）表示。NTU与葡萄汁的澄清度的对应如表1-1所示。一般澄清处理后，葡萄汁的澄清度达到80～150，产生的葡萄酒可以获得优雅的香气和纯正的口感。此外，也可以使用分光光度计检验葡萄汁在680 nm下的透光率反映葡萄汁的澄清度。

表1-1　葡萄酒的澄清度

NTU	澄清度
<2	澄清，透明
2～10	无光泽
10～100	轻微浑浊
100～1000	浑浊
>1000	不透明

三、材料与器皿

1. 材料

待澄清的白葡萄汁。

2. 试剂

膨润土，聚乙烯吡咯烷酮（PVPP），商业果胶酶，亚硫酸水溶液（6% SO_2），斐林试剂A、B液，葡萄糖标准溶液，次甲基蓝，盐酸，氢氧化钠标准溶液，酚酞，硫酸，碘标液，淀粉指示剂，福林-肖卡试剂，碳酸钠，五倍子酸，无水乙醇，商业活性干酵母等。

3. 仪器与器皿

量筒、容量瓶、移液枪、具塞刻度试管、浊度计、温度计、附温比重瓶、万分之一天平、碘量瓶、电炉、水浴锅、比色皿、紫外分光光度计、挥发酸装置等。

四、实验操作流程

实验操作流程如图1-9所示。

五、实验步骤

（一）澄清剂的准备

1. 膨润土的活化

取一个 1000 mL 的烧杯，装入 500 mL 蒸馏水，将其放入水浴锅中恒温至 60℃。准确称取 5.0 g 膨润土，加入 60℃ 温水中，搅拌均匀，过夜静置，使之成白色的糊状，以获得活化好的膨润土。

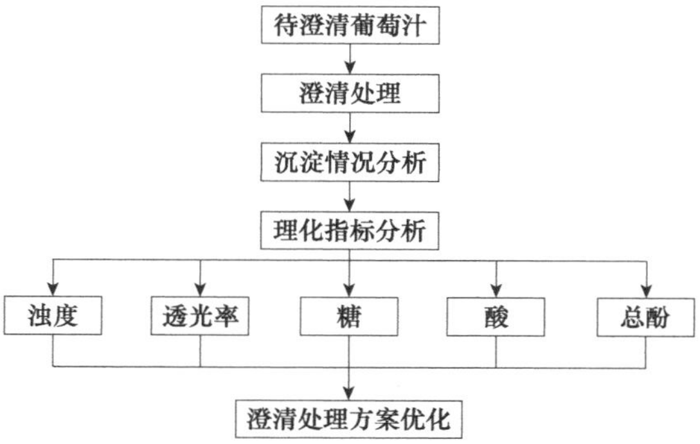

2. PVPP 溶液的配制

取一 5 mL 带盖离心管，准确称量 0.2 g PVPP，将其溶解于 2 mL 蒸馏水中。

3. 果胶酶溶液的配制

准确称取 0.0250 g 商业果胶酶，将其溶解于适量蒸馏水中，随后转移至一 100 mL 容量瓶中，并定容。

待澄清葡萄汁 → 澄清处理 → 沉淀情况分析 → 理化指标分析 →（浊度、透光率、糖、酸、总酚）→ 澄清处理方案优化

图 1-9　葡萄汁澄清处理实验操作流程图

（二）葡萄汁的澄清处理

取待澄清的白葡萄汁 2.5 L，按照本章实验三的方法，添加 80 mg/L SO_2，平均分成 5 份，装入 500 mL 广口玻璃发酵瓶中，然后分别进行如下处理。

处理 I：1 g/L 膨润土，即在 0.5 L 葡萄汁中添加 50 mL 活化好的膨润土。

处理 II：1 g/L 膨润土和 0.2 g/L PVPP，即在 0.5 L 葡萄汁中添加 50 mL 活化好的膨润土和 1 mL PVPP 溶液。

处理 III：果胶酶 20 mg/L，即在 0.5 L 葡萄汁中添加 40 mL 果胶酶溶液。

处理 IV：果胶酶 20 mg/L 和 1 g/L 膨润土，即在 0.5 L 葡萄汁中添加 40 mL 果胶酶溶液及 50 mL 活化好的膨润土。

处理 V：空白，即不添加任何澄清剂的 0.5 L 葡萄汁。

充分摇匀、静置。

（三）沉淀情况分析

分别于 1 h、3 h、6 h、9 h、12 h、18 h、24 h、36 h、48 h 及 4～5 d 后，观察沉淀高度及表面平整度和紧密度，并量取沉淀物的高度。

（四）理化指标分析

1. 浊度

处理 4～5 d 后，准确吸取上清液 10 mL 置于玻璃装样瓶中，使用浊度计检测样品的浊度，记录 NTU。

2. 透光率

处理 4～5 d 后，用移液枪准确吸取上清液 1 mL 于 1.5 mL 比色皿中，用紫外 - 可见光分光光度计在 680 nm 下测定其透光率。

3. 其他理化指标分析

处理4～5 d后，取上清液，按照本章实验一的方法检验样品中的糖、酸及总酚含量。

六、结果讨论

认真记录并分析实验结果。结果的讨论与分析，建议从以下三点展开。

（1）分析各种处理后葡萄汁的澄清度和透明度，讨论不同的澄清剂对葡萄汁的澄清效果；

（2）分析澄清监控记录，讨论各澄清剂处理的最佳作用时间范围；

（3）分析各处理后葡萄汁的糖、酸及多酚含量，讨论不同澄清剂对葡萄汁组分的影响。

七、总结与展望

根据实验结果的分析讨论，撰写实验报告，制订针对葡萄汁的澄清处理方案，并详述操作规范。根据已有实验操作及其结果，展望同类实验或研发工作的必要处理措施，如澄清处理的关键控制点，即澄清剂的种类及使用量、澄清时间、温度的控制等，并针对葡萄汁状况及工艺要求对其进行技术优化。

八、思考题

（1）澄清处理的技术操作要点有哪些？

（2）不同的澄清剂对葡萄汁的澄清处理效果是否有差别？

（3）现有一压榨后的霞多丽葡萄汁，因为压榨不当，葡萄汁有苦味且稍呈褐色，请针对该霞多丽葡萄汁制订合理可行的澄清方案。

实验五　冷浸渍工艺实验

一、目的意义

（1）学习适合冷浸渍工艺的葡萄原料的特点；

（2）掌握葡萄酒酿造过程中冷浸渍工艺的实际操作；

（3）理解冷浸渍工艺对葡萄酒品质的影响。

二、基础理论

花色苷、单宁及香气物质是葡萄酒感官质量的主要贡献者，其种类与含量很大程度上决定了葡萄酒的品质。葡萄酒酿造工艺对上述物质的含量有显著影响，其中冷浸渍工艺有利于多酚物质的浸提及增加成品酒中香气物质的含量。

冷浸渍工艺最早在20世纪90年代应用于法国勃艮第地区红色葡萄品种的酿造，近年来在我国逐渐受到关注。冷浸渍工艺是指将除梗并轻微破碎后的葡萄原料迅速降温至10℃以下，在低温条件下进行一段时间的浸渍，一般可持续10～20 h（白葡萄酒酿造）乃至数天（红葡萄酒酿造）。在这一过程中，果皮中的优质成分被充分浸提出来。随后回温，启动酒精发酵，步骤同传统的发酵工艺。其温度范围分为两种，一种是在 5～10℃条件下进行冷浸渍，将存在于果皮中的多酚及芳香物质浸提出来；另一种是降温至 -10～-5℃，在葡萄醪结冰的情况下进行冷冻浸渍。

由于低温抑制葡萄醪中微生物的活动，在冷浸渍过程中葡萄醪基本处于低酒精状态，可对葡萄原料中的小分子酚类物质和芳香物质浸提，最终达到改善葡萄酒品质的目的。相关研究表明，发酵前的冷浸渍处理可显著增加葡萄酒中多酚、花色苷、萜烯类、酯类物质的含量，并随浸渍时间的延长，总体呈现上升的趋势，具有增强葡萄酒酒体、改善颜色的稳定性和提高香气复杂度的效果。此外，还有研究证实冷浸渍处理可明显提升葡萄酒的总酸含量、降低 pH，有利于提高葡萄酒颜色的稳定性。冷浸渍工艺适合芳香型的白葡萄，如雷司令、白莫斯卡托、琼瑶浆等，也适合如歌海娜、黑比诺这类皮薄易腐的红葡萄，使它们更具品种风格。

三、材料与器皿

1．材料

红、白葡萄各 60 kg。

2．试剂

斐林试剂 A、B 液，2.5 g/L 葡萄糖标准溶液，次甲基蓝，1∶1 盐酸，0.05 mol/L 氢氧化钠标准溶液，酚酞，1∶3 硫酸，碘标液，淀粉指示剂，福林 - 肖卡试剂，碳酸钠，锦葵色素 -3- 葡萄糖苷，亚硫酸钠，五倍子酸，无水乙醇，亚硫酸溶液（6% SO_2），果胶酶，商业活性干酵母等。

3．仪器与器皿

容量瓶、广口玻璃发酵瓶、烧杯、锥形瓶、冷凝管、蒸馏水瓶、圆底烧瓶、移液枪、移液管、pH 计、手持糖量计、滴定管、比色皿、电炉、紫外 - 可见光分光光度计、水浴锅、温度计、附温比重瓶、万分之一天平、碘量瓶、挥发酸装置等。

四、实验操作流程

实验操作流程如图 1-10 所示。

五、实验步骤

（一）葡萄原料成熟度分析

按照本章实验一所述方法分析浆果的糖、酸含量及多酚成熟度。

（二）冷浸渍及酒精发酵

葡萄除梗破碎后，添加 50 mg/L 二氧化硫及 20 mg/L 果胶酶，平均分成 7 份加入 10 L

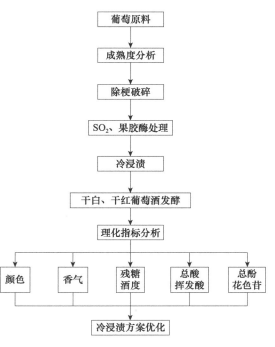

图 1-10　冷浸渍工艺实验操作流程图

的广口玻璃发酵瓶中，入料量为发酵罐容积的 80%，然后进行以下处理。

　　处理Ⅰ：在 4℃条件下放置 24 h；

　　处理Ⅱ：在 4℃条件下放置 36 h；

　　处理Ⅲ：在 4℃条件下放置 48 h；

　　处理Ⅳ：在 8℃条件下放置 24 h；

　　处理Ⅴ：在 8℃条件下放置 36 h；

　　处理Ⅵ：在 8℃条件下放置 48 h；

　　处理Ⅶ：不做冷浸渍处理，按照传统的干白、干红葡萄酒工艺酿造葡萄酒。

　　冷浸渍后，自然回温，对于白葡萄进行压榨处理，当葡萄汁 / 醪温度达到 20℃时接种 200 mg/L 商业活性干酵母，分别按照干白、干红葡萄酒工艺酿造葡萄酒，具体方法参考第四章的实验一和实验二。空白试验为传统工艺酿造的干白葡萄酒与干红葡萄酒。

（三）酒样理化指标检验

1. 颜色

检测各处理后葡萄酒的色深和色调，方法参考本章实验二。

2. 香气

组织一次组内成员的葡萄酒品评会，也可邀请志愿者参加。对葡萄酒香气特征进行打分（表 1-2），并做描述记录。分析讨论葡萄酒的香气与冷浸渍温度及处理时间之间的关系。

表 1-2　葡萄酒香气评分表

姓名：	日期：		酒样			
香气指标	评分范围	感官特征	1	2	3	…
平衡性 （20分）	16～20	果香、酒香平衡，香气明显，协调纯正				
	9～15	香气较和谐，果香或酒香较弱，无异香				
	1～8	果香、酒香不足，异香较浓，香气不正				
浓郁度 （20分）	16～20	果香、酒香浓郁优雅，柔和饱满				
	9～15	浓郁度一般，香气不持久				
	1～8	异味较重，基本无酒香				
总分						
备注：香气描述词。请至少写出 5 种不同的香气描述词，如草莓、柚子等，每个描述语都使用 5 分制评分，即 1 表示香气很弱；2 表示香气弱；3 表示香气中等；4 表示香气强烈；5 表示香气非常强烈						

3. 残糖、总酸、总酚、总花色苷

对发酵后的酒样进行基本理化指标及颜色指标的分析。残糖、总酸、总酚及总花色苷的检测参考本章实验一。

4. 酒精度

样品中酒精度的检测采用密度瓶法，通过蒸馏去除样品中的不挥发物质，获得的馏出液为乙醇水溶液。用密度瓶法测定馏出液的密度，通过查 GB/T 15038—2006《葡萄酒、果酒通用分析方法》中乙醇水溶液密度与酒精度对照表，得到 20℃时乙醇的体积分数，即为酒精度，又称酒度。

1）试样的制备　　用一干燥洁净的 100 mL 容量瓶准确量取 20℃的酒样 100 mL，倒入 500 mL 的蒸馏瓶中，取 50 mL 蒸馏水分 3 次冲洗容量瓶，冲洗液并入蒸馏瓶中。在蒸馏瓶中加入几粒玻璃珠，连接冷凝器，以原容量瓶为接收器，并将其浸入冰浴中。开启冷却水，缓慢加热蒸馏，待馏出液接近刻度，取下容量瓶，塞盖。将容量瓶置于 20℃的水浴锅中保温 30 min 后，补加蒸馏水至刻度，混匀备用。

2）蒸馏水质量的测定　　准备一洁净、干燥的，带有温度计和侧孔罩的密度瓶，称量其重量。重复干燥和称量至恒重 m。取下温度计，将煮沸 30 min 后冷却至 15℃左右的蒸馏水注满已恒重的密度瓶中，插入温度计，注意瓶中不得出现气泡。将密度瓶浸入 20℃的水浴锅中，待温度计指示温度为 20℃且保持 10 min 恒定不变时，取出密度瓶，此时侧管中的液面与侧管口齐平，立即盖好测管罩，用滤纸擦干侧壁溢出的液体，称量其质量为 m_1。

3）试样质量的测定　　将密度瓶的蒸馏水倒出，用准备好的试样反复冲洗密度瓶 3～5 次，然后将试样注满密度瓶，按照上述同样的操作，称量质量为 m_2。

4）结果计算　　样品馏出液的密度按照公式（1-22）和公式（1-23）计算，然后查表获得对应的酒度。

$$\rho = \frac{\rho_a \times (m_2 - m + A)}{m_1 - m + A} \tag{1-22}$$

$$A = \frac{\rho_b \times (m_1 - m)}{\Delta \rho} \tag{1-23}$$

式中：ρ 为样品馏出液在 20℃时的密度，单位为克每升（g/L）；m 为密度瓶的质量，单位为克（g）；m_1 为 20℃时充满蒸馏水的密度瓶（带温度计和侧孔罩）的质量，单位为克（g）；m_2 为 20℃时充满样品馏出液的密度瓶（带温度计和侧孔罩）的质量，单位为克（g）；ρ_a 为蒸馏水在 20℃时的密度，约为 998.20 g/L；A 为空气浮力校正值；ρ_b 为干燥空气在 20℃、$1.013 \times 10^5 Pa$ 时的密度，约为 1.2 g/L；$\Delta \rho$ 为蒸馏水与干燥空气在 20℃时的密度之差，约为 997.0 g/L。

5. 挥发酸

对于样品中挥发酸的检测，首先是通过蒸馏的方式获得样品中低沸点酸类，即挥发酸，用氢氧化钠标准溶液滴定，用酚酞作指示剂，指示滴定终点，随后经过计算可得样品中的挥发酸含量。

1）挥发酸的检测　　挥发酸装置如图 1-11 所示，在内芯 D 中装入 10.00 mL 待检样品，在蒸汽发生瓶 A 内装入蒸馏水，其液面低于内芯 D 的进气口 3 cm，而高于 D 中样品的液面。将 D 插入，按照图 1-11 将挥发酸装置安装妥当。然后打开蒸汽发生瓶的排气管 B，打开电炉，将水加热至沸腾，2 min 后夹紧 B，使蒸汽进入 D 中进行蒸馏。

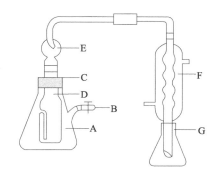

图 1-11　挥发酸测定装置
A：蒸汽发生瓶；B：排气管；C：瓶塞；
D：内芯；E：球形定氮球；F：冷凝管；G：锥形瓶

待馏出液达锥形瓶 G 100 mL 标记处，先放松 B，再关闭电炉停止蒸馏，以防止蒸馏瓶形成真空，将内芯样品吸入蒸馏瓶中。取下锥形瓶 G，将其加热至沸去除二氧化碳，沸腾时间不超过 30 s。在锥形瓶 G 中加入两滴酚酞指示液，用氢氧化钠标准溶液滴定至粉红色，且 30 s 内颜色不变即为终点，记录所消耗的氢氧化钠。

2）结果计算　　样品中的挥发酸含量按照公式（1-24）计算。

$$C = \frac{C_{NaOH} \times V_{NaOH} \times 60}{V} \tag{1-24}$$

式中：C 为样品中挥发酸的含量，以醋酸计，单位为克每升（g/L）；C_{NaOH} 为氢氧化钠标准溶液的浓度，单位为摩尔每升（mol/L）；V_{NaOH} 为滴定消耗的氢氧化钠标准溶液的体积，单位为毫升（mL）；60 为醋酸的摩尔质量，单位为克每摩尔（g/mol）；V 为样品的体积，单位为毫升（mL）。

六、结果讨论

认真记录并分析实验结果。结果的讨论与分析建议从以下四点展开。

（1）分析葡萄原料成熟状况，展开成熟度的讨论，针对供试原料及工艺要求，确定是否有必要进行糖、酸调整；

（2）分析发酵监控记录表，讨论冷浸渍的温度与时间对葡萄酒颜色、风味、基本理化指标和感官特征的影响；

（3）与传统发酵进行对比，讨论冷浸渍程度是否对酒精发酵速度有影响，并进一步分析造成发酵速度差异的影响因素是什么；

（4）在发酵过程中记录感官特征，比如色泽、香气、口感上的感官描述，比较冷浸渍工艺与传统工艺酿造的葡萄酒在发酵过程中感官特征的变化。

七、总结与展望

根据实验结果的分析讨论，撰写实验报告，制订针对葡萄原料状况的冷浸渍葡萄酒生产工艺流程，并详述操作规范。根据已有实验操作及其结果，展望同类实验或研发工作的必要处理措施，如冷浸渍工艺的关键控制点，即冷浸渍温度、时间的控制等，可针对葡萄原料状况及工艺要求对其进行技术优化。

八、思考题

（1）冷浸渍工艺的技术操作要点是什么？

（2）与普通工艺比，冷浸渍工艺酿造的葡萄酒是否有不一样的感官特征？

第二章 微生物发酵

实验一 酵母的分离与纯化

一、目的意义

（1）掌握酵母分离与纯化的方法；

（2）理解酵母兼性厌氧、耐酸（pH 4.0～6.0）、适宜生长温度等生长特点；

（3）掌握培养基的配制与灭菌、酵母形态观察、菌种的保藏等技术。

二、基础理论

酵母膏胨葡萄糖琼脂培养基（YPD）的主要配方为酵母膏、蛋白胨、葡萄糖、琼脂粉等。酵母膏能为微生物提供维生素、核苷酸及微量元素等各种营养成分；蛋白胨能为微生物提供碳源、氮源、生长因子等营养；葡萄糖提供能源；琼脂是培养基的凝固剂。分离是指将特定的微生物个体从群体中或从混杂的微生物群体中分离出来的技术；纯化是指在特定环境中只让一种微生物菌落存在的技术。一般采用平板分离法对样品中的酵母进行分离和纯化。首先，选择适合于酵母的生长条件，如营养、酸碱度、温度和氧等要求，或加入某种抑制剂抑制其他微生物生长，从而淘汰一些不需要的微生物，如霉菌、细菌等。其次，采用稀释涂布平板或平板划线等技术对单菌落进行多次纯化而获得纯培养物。在微生物分离过程中，平板上单个菌落并不一定是纯培养，因此，需要结合显微镜检测个体形态特征后才能确定单菌落是否是纯培养物。酵母是单细胞真核微生物。酵母细胞的形态通常有球形、卵圆形、腊肠形、椭圆形等。在显微镜下观察到酵母的最外层为细胞壁；液泡为较大、发亮的结构存在于菌体中（图 2-1）；在酵母表面的芽体，为酵母的芽孢；酵母有成形的细胞核；酵母属于真核生物。酵母菌落大而厚，圆形，光滑湿润，有黏性，易被挑起，颜色为乳白色。

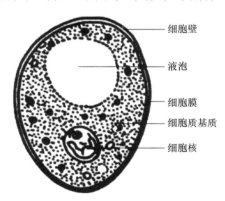

图 2-1　显微镜下酵母的结构示意图

三、材料与器皿

1. 材料

成熟的葡萄果实。

2. 试剂与培养基

（1）试剂：无菌水，121℃、20 min 灭菌备用；HCl（2%、10%）溶液，10% NaOH 溶液，甘油等。

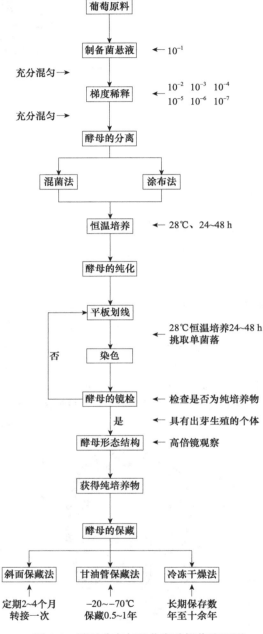

图 2-2　酵母分离与纯化实验操作流程图

（2）YPD 培养基：1% 酵母膏，2% 蛋白胨，2% 葡萄糖，2% 琼脂粉，121℃ 灭菌 20 min，倒入培养皿，待培养基凝固后备用。

（3）YPD 斜面培养基：按 YPD 培养基配方配制培养基，熔化琼脂后分装（8 mL 左右）于试管中，加塞，包扎，121℃ 灭菌 20 min。灭菌完成后，倾斜静置，液面最高处不高于试管高度的 2/3，待培养基凝固后备用。

3. 仪器与器皿

高压灭菌锅、培养皿、恒温箱、玻璃涂布棒、接种针、酒精灯、三角瓶、试管、盖玻片、光学显微镜、漏斗、玻璃安瓿管、长针注射器、长嘴毛滴管等。

4. 其他材料

pH 试纸或 pH 计、纱布（121℃、20 min 灭菌备用，也可考虑用滤纸或棉花）、脱脂棉塞等。

四、实验操作流程

实验操作流程如图 2-2 所示。

五、实验步骤

（一）样品预处理

选取新鲜、清洁、成熟无腐烂变质的葡萄果实约 10 g，放入盛有 90 mL 无菌水和少量玻璃珠的三角瓶中，置于摇床中 28℃ 条件下振摇约 20 min，将葡萄表皮的酵母洗到溶液中，得到 10^{-1} 菌悬液。

（二）梯度稀释

葡萄表皮含有大量的酵母，需要对样品进行梯度稀释。用 1 mL 无菌移液管吸取 1 mL 10^{-1} 菌悬液加到盛有 9 mL 无菌水的试管中，充分混匀，制成 10^{-2} 菌悬液。以此类推，重复前面的操作，分别制成 10^{-3}、10^{-4}、10^{-5}、10^{-6} 和 10^{-7} 不同稀释度的菌悬液（图 2-3）。

（三）酵母的分离

酵母的分离方法主要有混菌法和涂布法（图 2-4）。

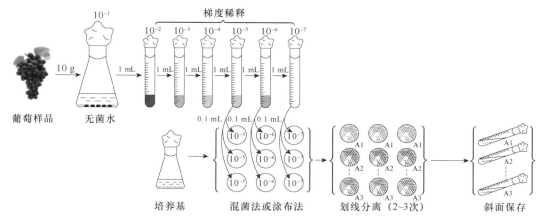

图 2-3　微生物的分离与纯化示意图

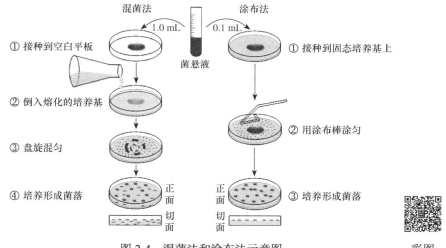

图 2-4　混菌法和涂布法示意图　　　　彩图

1. 混菌法

以无菌操作，用 1 mL 无菌移液管从 3 个合适稀释度（如 10^{-4}、10^{-5} 和 10^{-6}，由样品中微生物浓度所决定）中分别吸取 1 mL 菌悬液，置于灭菌的平皿中，每个稀释度做三个。取灭菌后冷却至 $55 \sim 60℃$ 的 YPD 培养基，以无菌操作向装有菌悬液的平皿中倒入 $15 \sim 20$ mL YPD 培养基。轻轻晃动平皿，使菌液和 YPD 培养基混合均匀，待冷却凝固后，倒置于恒温培养箱中，$28℃$ 恒温培养 $24 \sim 48$ h。

2. 涂布法

将灭菌后的 YPD 培养基稍冷却后，以无菌操作向无菌平皿中倒入 $15 \sim 20$ mL YPD 培养基，冷却备用，制成培养基平板。以无菌操作，用 1 mL 无菌移液管从 3 个合适稀释度（如 10^{-4}、10^{-5} 和 10^{-6}）中分别吸取 0.1 mL 菌悬液，置于培养基平板中心位置，每个稀释度做 3 个。用无菌玻璃涂布棒，在培养基表面轻轻地涂布均匀，室温下静置 $5 \sim 10$ min，使菌液吸附进培养基。倒置于恒温培养箱中，$28℃$ 恒温培养 $24 \sim 48$ h。

（四）酵母的纯化

待培养基平板上长出可见菌落，以无菌操作用接种针从平板表面挑取疑似酵母的单菌落，划线接种于新鲜的 YPD 培养基上，倒置于恒温培养箱中，28℃恒温培养 24～48 h，直至长出可见菌落。重复此操作 2～3 次，对疑似酵母进行纯化。对纯化后的单菌落中细胞进行染色，用显微镜检查是否为单一的微生物。若发现有杂菌，需再一次进行纯化，直到获得纯培养物。

平板划线接种的具体操作：用接种环以无菌操作挑取少量菌苔，如图 2-5 所示，按照 1～5 的顺序进行划线。先在平板培养基的一边做第一次平行划线 3～4 条，再转动培养皿约 70° 角，并将接种环上剩余物烧掉，待冷却后通过第一次划线部分做第二次平行划线，再用同样的方法通过第二次划线部分做第三次划线，以及通过第三次平行划线部分做第四次平行划线。第五次进行"Z"字划线（图 2-5）。划线完毕后，盖上培养皿盖，倒置于温室培养。

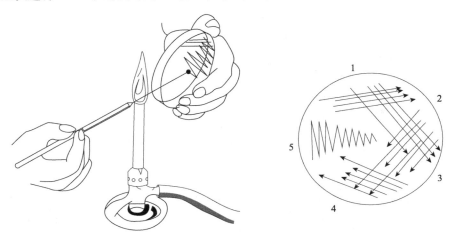

图 2-5　平板划线接种的操作及划线分离的示意图

（五）酵母的镜检

用胶头滴管吸取 1 滴蒸馏水于洁净的载玻片上，再用接种环挑取少量菌苔均匀地涂在水滴中，制成菌悬液。用镊子夹住盖玻片以 45° 角斜插，盖在菌悬液上，避免产生气泡，用滤纸片吸走多余的菌液，使盖玻片紧贴载玻片。先用低倍镜找到酵母，注意找到进行出芽生殖的个体；然后换上高倍镜，仔细观察酵母的形态结构，检查菌落是否为纯培养物。

（六）酵母的保藏

1. 斜面保藏法

斜面保藏：酵母的短期保藏可用斜面保藏法。以无菌操作将分离的酵母纯培养物划"Z"字线接种于斜面培养基中，28℃恒温培养 24 h（对数期），直至长出明显菌苔，放置于 4℃冰箱冷藏。定期转接 YPD 培养基，每 2～4 个月移接一次，以保持酵母活性。

1）方法一：制备特殊条件斜面培养基

（1）配制培养基溶液。向容器内加入所需水量的一部分，按照培养基的配方，称取各种原料，依次加入使其溶解，最后补足所需水分。对蛋白胨、肉膏等物质，需加热溶解，加热过程所蒸发的水分，应在全部原料溶解后加水补足。

　　配制固体培养基时，先将上述已配好的液体培养基煮沸，再将称好的琼脂加入，继续加热至完全熔化，并不断搅拌，以免琼脂糊底烧焦。

　　（2）调节pH。用pH试纸（或pH电位计、氢离子浓度比色计）测试培养基的pH，如不符合需要，可用10% HCl或10% NaOH进行调节，直到调节到配方要求的pH为止。

　　（3）过滤。用滤纸、纱布或棉花趁热将已配好的培养基过滤。用纱布过滤时，最好折叠成6层；用滤纸过滤时，可将滤纸折叠成瓦楞形，铺在漏斗上过滤。

　　（4）分装。已过滤的培养基应进行分装。要制作斜面培养基，须将培养基分装于试管中。分装时，一手捏松弹簧夹，使培养基流出，另一只手握住几支试管或锥形瓶，依次接取培养基。分装时，注意不要使培养基黏附管口或瓶口，以免浸湿棉塞引起杂菌污染。装入试管的培养基量，视试管和锥形瓶的大小及需要而定。一般制作斜面培养基时，每支15 mm×150 mm的试管装3~4 mL（1/4~1/3试管高度）；如制作深层培养基，每支20 mm×220 mm的试管装12~15 mL。每个锥形瓶装入的培养基，一般以其容积的一半为宜。

　　（5）加棉塞。分装完毕后，需要用棉塞堵住管口或瓶口。堵棉塞的主要目的是过滤空气，避免污染。棉塞应采用普通新鲜、干燥的棉花制作，不要用脱脂棉，以免因脱脂棉吸水使棉塞无法使用。制作棉塞时，要根据棉塞大小将棉花铺展成适当厚度，揪取手掌心大小一块，铺在左手拇指与食指圈成的圆孔中，用右手食指插入棉花中部，同时左手食指与拇指稍稍紧握，就会形成1个长棒形的棉塞。棉塞做成后，应迅速塞入管口或瓶口中，棉塞应紧贴内壁不留缝隙，以防空气中的微生物沿皱折侵入。棉塞不要塞得过紧或过松，塞好后，以手提棉塞，管、瓶不下落为宜。棉塞的2/3应在管内或瓶内，上端露出少许棉花便于拔取。塞好棉塞的试管和锥形瓶应盖上厚纸用绳捆扎，准备灭菌。

　　（6）摆斜面。培养基灭菌后，制作斜面培养基须趁培养基未凝固时进行，在实验台上放1支长0.5~1 m的木条，厚度为1 cm左右。将试管头部枕在木条上，使管内培养基自然倾斜，凝固后即成斜面培养基。

　　2）方法二：简捷快速制备斜面培养基　　制作培养基斜面，传统的方法是将试管每10支为一组扎成一捆，高压灭菌后，一支一支地摆成斜面。此操作比较烦琐，占用面积又多，造成诸多不便，现多采用以下方法。

　　（1）将胶合板截成长18 cm（与试管长度相等或略短）、宽9 cm（比并排5支试管直径的总和略窄）的小块备用。

　　（2）在并排5支试管上面平置截好的胶合板，再在胶合板上面并排放5支试管，然后将试管的上、下端分别用牛皮纸包好，用线扎紧，使胶合板两侧的试管保持平行，置高压灭菌锅中灭菌。

　　（3）高压灭菌后，经自然冷却，待气压降至零时，将高压灭菌锅的锅盖打开，当棉塞水分充分蒸发后取出，不用拆捆，直接摆成斜面。这样大量制斜面，既快捷又很少占用空间，非常方便，还便于保温，减缓凝结速度，能充分吸收游离水分。

　　（4）如需将斜面培养基保存一段时间，可在灭菌前将聚丙烯塑料袋套在试管外并扎紧袋口，灭菌后取出，直接摆成斜面，可防止水分蒸发。

2.　甘油管保藏法

1）无菌甘油的制备　　用 100 mL 量杯量 30 mL 甘油，先慢慢倒甘油，倒到液面距 30 mL 刻度大概 1~2 cm 时，改用滴管滴至液面与刻度相平，然后用玻璃棒搅拌混匀，将甘油置于 100 mL 的锥形瓶中，每瓶装 10 mL，塞上棉塞，外包牛皮纸，高压蒸汽灭菌（121℃，20 min）。

2）菌悬液的制备　　取酵母 YPD 斜面培养基加灭菌水 1~2 mL，将菌苔洗下，制成悬液，用吸管将此悬液种至盛有 YPD 培养基的扁培养瓶内，均匀摊布，在 35~37℃培养 48 h。制成的酵母悬液，转移至灭菌试管内，待冷却后冰箱贮藏为浓菌液。

3）甘油管保藏　　挑取一环菌种接入无菌甘油试管中，37℃振荡培养至充分生长。用吸管吸取 0.85 mL 菌悬液，置于一支带有螺口盖和空气密封圈的试管中或一支 1.5 mL 的 Eppendorf 管（离心管）中，再加入 0.15 mL 无菌甘油，封口，振荡混匀。最后将已冰冻的含有甘油的培养物置于 −20~−70℃保藏，保藏期为 0.5~1 年。

3.　冷冻干燥法

1）无菌安瓿管的制备　　选取规格为直径约 8 mm，高 100 mm 的中性玻璃安瓿管，先用 2% 盐酸浸泡 8~10 h，再经自来水冲洗多次，用蒸馏水涮洗 2~3 次，烘干；在每管内放打好菌号及日期的标签，字面朝向管壁，管口塞好脱脂棉塞，121℃下高压灭菌 20 min，备用。

2）菌悬液的制备

（1）脱脂牛奶的准备。取市售新鲜、清洁、无抗生素污染的牛奶 200 g，在 5000 r/min 下离心 10 min，除去上层奶皮，如此重复两次。然后分装入两个 250 mL 的锥形瓶中，加棉塞并用牛皮纸包头、扎牢，在 110℃灭菌 15 min，冷却后备用。如灭菌后放置时间超过 24 h，则应弃用。也可以购买袋装或盒装的超高温灭菌优质脱脂牛奶直接使用，无需再灭菌。或将脱脂奶粉制成还原乳，同上灭菌后使用。

（2）制备菌液。菌种要求为生长良好的纯种，菌龄以处于稳定期为好。加入适量灭菌脱脂牛奶（一般每支中试管斜面加 10 mL 脱脂牛奶保护剂），用接种环将菌苔轻轻刮起（注意勿刮起培养基），制成菌悬液。如用液体培养的菌种，则需经离心收集用灭菌生理盐水洗涤细胞，收集的菌体用保护剂悬浮制成菌悬液。悬液中菌数要求达到 10^8~10^{10} 个每毫升为宜。悬液制备完成尽快分装和冻结。分装安瓿时可用灭菌的长嘴毛滴管插入安瓿管底部，每管分装量为 0.1~0.2 mL，分装安瓿管的时间尽量要短，最好在 1~2 h 内分装完毕并预冻。分装时应注意在无菌条件下操作。

3）预冻、冷冻干燥和真空密封

（1）预冻。先在 −80℃冰箱预冻 1~2 h。预冻时一般冷冻速率控制在以每分钟下降 1℃ 为宜，使样品冻结到 −35℃。

目前常用以下三种控温方法。

A．程序控温降温法。应用计算机程序控制降温装置，可以稳定连续降温，能很好地控制降温速率。

B．分段降温法。将菌体在不同温级的冰箱或液氮罐口分段降温冷却，或悬挂于冰的气雾中逐渐降温。一般采用二步控温，将安瓿管或塑料小管先放置在 −20℃至 −40℃的冰箱中 1~2 h，然后取出放入液氮罐中快速冷冻。这样冷冻速率为每分钟下降 1~1.5℃。

C．对耐低温的微生物，可以直接放入气相氮或液相氮中。

（2）冷冻干燥。将冷冻后的样品安瓿管置于冷冻干燥机的干燥箱内，开始冷冻干燥，时间一般为 8～20 h。首先将牛奶菌悬液用长针注射器或长嘴毛滴管分装入灭菌冷冻管内（注意不要使牛奶污染纸条标签），视冷冻管的大小每支 0.3～0.5 mL（单管式冷冻管球形装液区内的装液量应为球体积的一半左右，套管式冷冻管内管的装液高度与管直径相当）；其次取出棉签棒，留置棉花，置于冷冻干燥机内冷冻干燥 24 h 左右。冷冻干燥机要先开机预冷 30 min 以上再开泵。根据设备情况，有的在冷冻干燥前还要先用液氮或干冰对菌悬液进行预冻。另外，要根据冷冻干燥机的水分蒸发能力，确定一次放入的冷冻管数量。最后，终止干燥时间应根据下列情况判断。

确认菌悬液是否已经干燥的方法是一看真空度，二看冷冻室温度。当水分已经蒸发完，即水蒸气分压接近零时，真空度将达到最高值而不再上升；由于蒸发是一个吸热过程，在整个冷冻干燥过程中冷冻室的温度将会维持很低，使菌悬液一直处于冻结状态，当没有水分的继续蒸发后，冷冻室不再吸热，温度开始自然上升。确认干燥后，要先开启冷冻室的进气阀，让真空释放，然后停泵，打开冷冻室，将冷冻干燥管取出。为了确保冷冻干燥管内的菌粉不被污染，在冷冻室进气口应装有空气过滤器。

（3）真空密封。利用一边抽真空一边旋转的安瓿真空封口机，可以高质量地将冷冻干燥后的菌种管真空封口。利用立式和卧式安瓿真空熔封机的操作步骤如下。

将燃气瓶上的燃气软管与燃气连接口连接，然后将待熔封的安瓿插入安瓿夹具（配重夹具），轻轻旋紧螺旋夹，加上适当重量的配重砝码。调节真空头的高度，使其与安瓿口的距离约 25 mm。抬高安瓿和配重夹具，使安瓿口与真空头相连。插好电源插头，开启电源开关，真空泵和带动真空头旋转的单相电机同时启动。开启真空转换开关，使真空与安瓿连通，安瓿在旋转状态下抽真空。转动燃气喷头使其离开安瓿，慢慢地开启燃气针型阀，用打火机点燃燃气。开启气泵开关，分别调节空气调节阀和燃气调节阀，使火焰大小适中并呈蓝色。调节燃气喷头的位置，使两束火焰尖头指向安瓿熔封位置。火焰很快将安瓿烧软，并在配重夹具重力的作用下拉伸，同时在真空的作用下收缩，最终完全熔封并被拉断，从而完成自动熔封过程。将熔封后的安瓿从夹具上取下，把熔封拉断处的尖头置于火焰上烧圆并退火。关闭真空转换开关，切断真空与安瓿的连通，用镊子取下真空头上的安瓿残端，插上新的安瓿，开始第二轮熔封。

注意：安瓿真空熔封机使用的注意事项。

立式机使用配重砝码的重量以在旋转抽真空状态下安瓿不从真空吸头上脱落为限；卧式机安瓿口与真空吸头的距离以安瓿夹牢后所能拉伸的距离为限，为 30～40 mm。如果安瓿口太小，不能将真空头插入，可在安瓿口上套一根 20 mm 左右长的硅胶管，再与真空头连接；手持燃气喷灯应使高温焰对准熔封部位，并随着安瓿的拉伸向安瓿端移动，以免安瓿端拉丝过长熔封后容易碰断；燃气喷灯的点火、调温、熄火、充气操作应严格按喷灯所附说明书进行；熔封好的安瓿不能倒放在冰凉的桌面上，以免骤冷爆裂，应当插入特制的安瓿架；千万不要用手去取下真空头上的安瓿残端，以免烫伤；工作结束后关闭燃气喷灯，放在安全并远离火源的地方。

六、结果讨论

认真记录实验结果，按照类别汇总，做表分析，做必要的数据统计，比如标准差、方差分析等，必要时做图比较。结果分析与讨论建议从以下几点展开。

（1）实验涂布的平板法和平板划线法是否较好地得到了单菌落？如果不是，请分析其原因并计划重做。

无论怎么涂，肯定都会有一定的浓度梯度，在稀释到一定程度时，你可以理解为有一定的阈值。涂布得到单菌落的关键在于原液的浓度和培养条件合适，涂布的方式是次要的，阈值等同于确保稀释的效果。

（2）在两种不同的平板上实验分离得到了哪些类群的微生物？它们有什么样的菌落特征？

观察微生物的类群，一般首先依据形态学观察，在平板法和划线法的效果比较好的情况下得到的单菌落，需要观察菌落的哪些方面用以区分不同类群的微生物，其次是不同的培养基是否也会影响同一菌群的单菌落形态，如何解决这些问题。

（3）酵母三种保藏方法的优缺点能否在本实验过程中体现出来？

斜面保藏法、甘油管保藏法、冷冻干燥法在微生物保藏领域分别有什么适用范围，又是分别针对什么类型的酵母。比较它们的优缺点。

七、总结与展望

根据实验观察到的现象进行分析讨论，撰写实验报告，制订针对葡萄表皮的酵母常用的分离鉴定操作方法，并详述操作规范。根据已有实验操作及其结果，展望同类实验或研发工作的必要处理措施，如①如何确定微生物分离时稀释梯度的阈值？②如何根据酵母的特性选取适合的菌种保藏方法？

八、思考题

（1）如何确定平板上某单个菌落是否为纯培养？
（2）镜检时，如何区分酵母和其他的污染菌？
（3）图示镜检的酵母细胞形态和出芽生殖，并描述其菌落特征。

实验二　酵母的扩大培养、计数及形态观察

一、目的意义

（1）掌握酵母扩大培养的培养基种类及相关操作步骤。
（2）掌握酵母扩大培养及在无杂菌污染的环境中进行接种的相关操作。

二、基础理论

扩大培养技术，即扩培技术，是在酵母投入正式生产之前进行扩大培养，使酵母从休眠状态变成活化状态。扩培技术的核心是提供发酵产量高、生产性能稳定、数量足够且不被其他杂菌污染的生产菌种。对于微生物来说，菌种保藏的时候，营养丰富，适合于菌体增殖；发酵时，营养比较匮乏，但适合于生产目标产物。酵母菌种保藏的环境（培养基、温度、pH等）与葡萄酒生产条件存在一定差异。菌种保藏的目的是用营养丰富的培养基尽可能维持菌种较高的生命活力和数量，而工业发酵的目的则是以低廉原料生产具有较高食用价值的产

品。扩培应该严格建立在纯种的基础上，而扩培过程中的无菌技术是成败的关键，它包括培养皿、设备的无菌，移种操作的无菌，培养过程中通风调节温度的无菌。扩培的培养基在进行生产使用的时候使用单一的氮源，保持正常菌落，而在微生物分离时则使用含有复杂氮源的培养基来筛选优势菌落。要获得高质量的孢子，酵母温度应该控制在28℃左右，培养的相对湿度应控制在40%～45%。随后，使用液体接种技术将酵母接种到装有少量葡萄汁的三角瓶中进行摇瓶培养，模拟葡萄酒发酵，使酵母适应葡萄酒发酵的环境，同时保持较高的生长能力、发酵活性和细胞数量，缩短大量生产时菌体生长过程中的延滞期，提高葡萄酒质量的同时降低生产成本。

酵母的有性繁殖一般产生囊孢子，其形成过程为：两个营养细胞各伸出一个小突起而相互接触，使两个细胞结合起来，而后接触处的细胞溶解，经质配和核配后，形成双倍体核，原来的细胞形成合子。此双倍体细胞可以进行芽殖。在适宜条件下，合子减数分裂，双倍体核分裂4～8个单倍体核，核外再围以原生质逐渐形成子囊孢子，包含在由母细胞壁演变而来的子囊（即原来的二倍体细胞）中。子囊孢子的形成与否及其数量和形状是鉴定酵母的依据之一。

将酿酒酵母（*Saccharomyces cerevisiae*）从营养丰富的培养基上移植到含有醋酸钠和葡萄糖（或棉子糖）的产孢培养基上，于适温下培养，即可诱导其子囊孢子的形成。本实验即以酿酒酵母为材料观察酵母的子囊孢子。

三、材料与器皿

1. 菌株

葡萄原料、酿酒酵母保藏菌株。

2. 培养基

（1）YPD 培养基：1% 酵母膏，2% 蛋白胨，2% 葡萄糖，2% 琼脂粉，121℃灭菌 20 min，倒入培养皿，冷却备用。

（2）YPD 液体培养基：培养基配方和灭菌方法同上，但培养基中不添加琼脂粉。

（3）其他培养基：PDB 培养基（马铃薯葡萄糖肉汤培养基，市售）；麦氏培养基或克氏斜面培养基（市售）制成斜面培养基备用；灭菌方法同上。

3. 试剂与仪器

（1）试剂：液体 SO_2 水溶液、维生素 B_1、硫酸铵、石炭酸复红染色液、美蓝染色液、酒精（含 3% 盐酸）等。

（2）仪器：高压灭菌锅、灭菌培养皿、恒温箱、接种针、酒精灯、三角瓶、血球计数板、盖玻片、吸水纸等。

四、实验操作流程

实验操作流程如图 2-6 所示。

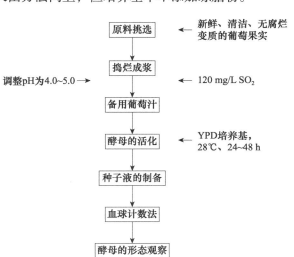

图 2-6　酵母的扩培、计数及形态观察实验操作流程图

五、实验步骤

（一）葡萄汁的制备

选取新鲜、清洁、成熟、无腐烂变质的葡萄果实适量，捣成浆后置于 50 mL 三角瓶内，调整 pH 为 4.0～5.0，添加 120 mg/L 液体 SO_2，搅匀，备用。

（二）酵母的活化

以无菌操作，用接种环挑取斜面保藏的酵母纯培养物，划线接种于 YPD 培养基平板上，28℃恒温培养 24～48 h，直至长出明显菌苔。以无菌操作用接种针挑取单菌落接种于装有 50 mL YPD 液体培养基的三角瓶中，28℃恒温培养 24 h，直至发酵液稍浑浊（对数生长期），备用。将活化的酵母以 5% 接种量接种于装有 50 mL YPD 液体培养基的三角瓶中，用纱布封口，28～30℃恒温培养 24～48 h。

（三）种子液的制备

取成熟度较好的葡萄榨汁，70～80℃加热 20～30 min，取 3 支灭过菌的试管，装汁 10 mL，接入酵母，待发酵旺盛时，接入含 40 mg/L SO_2 的 200 mL 左右葡萄汁中，待发酵旺盛时，再按上述接种量接入 SO_2 浓度升高的葡萄汁中，依次类推，最后一次葡萄汁中的 SO_2 量应高于生产中 SO_2 用量 10～20 mg/L，另外，葡萄汁中需加入 0.5 mg/L 维生素 B_1 和 100～150 mg/L 硫酸铵。该种子液中酵母具有较高的发酵能力和生物量（单位体积中），能用于大批量葡萄酒发酵。

（四）活酵母计数——血球计数法

该部分实验操作要点将在本章实验六"酵母计数实验"中进行详细介绍。

（五）酵母的形态观察

（1）孢子的培养。将酿酒酵母用 PDB 培养基活化 2～3 代后，接种于麦氏或克氏斜面培养基上，于 25℃培养 3～7 d，即可形成子囊孢子。

（2）制片与观察。于载玻片上加一滴蒸馏水，取子囊孢子培养体少许放入水滴中制成涂片，让其干固后用石炭酸复红染色液加热染色 5～10 min（不能沸腾），倾去染液，用酸性酒精冲洗 30～60 s，脱色，再用水洗去酒精，最后加美蓝染色液染色，数秒后用水洗去，用吸水纸吸干后置显微镜下镜检。子囊孢子为赤色，菌体为青色，绘图加以说明。

六、结果讨论

认真记录实验结果，按照类别汇总，做表分析，做必要的数据统计，如标准差、方差分析等，必要时做图比较。结果分析与讨论建议从以下几点展开。

（1）酵母扩大培养过程中需要先后以 YPD 培养基和葡萄汁作为营养物质使酵母增殖，其意义是什么？

考虑 YPD 培养基和葡萄汁的成分差异，及其对酵母的生长有什么影响。

（2）讨论菌种保藏和发酵时微生物所处环境的异同。

菌种保藏的条件和发酵时的环境条件，可以从营养物质含量、温度条件及菌株保藏时间等方面进行思考。

七、总结与展望

根据实验观察到的现象进行分析讨论，撰写实验报告，制订针对斜面保藏的酵母常用的扩大培养、计数及形态观察操作方法，并详述操作规范。根据已有实验操作及其结果，展望下次同类实验或研发工作的必要处理措施，如①规范酵母扩大培养、菌落计数的关键技术操作要点；②抓住酵母扩大培养、菌落计数及形态观察的主要设计要点，做好全程操作的技术优化。

八、思考题

（1）在酵母的制备过程中，逐步增加 SO_2 浓度的作用是什么？
（2）在酵母扩培过程中，检测酵母生物量的方法有哪些？

实验三　酵母的发酵性能测定

一、目的意义

（1）理解酵母的酒精发酵特性；
（2）掌握酵母发酵性能指标的测定方法。

二、基础理论

在各类酒类的生产中，酒精发酵作用主要是由酵母完成的。酵母以碳源为底物，通过糖酵解途径分解己糖（如葡萄糖）生成丙酸酮，在厌氧和微酸条件下，丙酸酮继续分解为乙醇。但是，如果在碱性条件下或培养基中加入亚硫酸盐时，产物就主要是甘油。

葡萄酒是由新鲜葡萄或葡萄汁经发酵后获得的饮料产品。酵母在发酵过程中需要碳水化合物、含氮物质和矿物元素，同化碳水化合物主要通过无氧呼吸作用的酒精发酵。酒精发酵过程是一个复杂的化学反应，主要涉及糖分子的裂解，有许多连续的反应和不少中间产物产生，还需要一系列的酶参与。在发酵过程中，酵母将葡萄汁中的糖转化为乙醇，此外，还会产生甘油、乙醛、琥珀酸、乳酸、高级醇和酯类等副产物。葡萄酒中酒精和其他主要香气物质均由酵母代谢产生，因此，酵母的发酵特性与葡萄酒品质直接相关。在发酵葡萄酒的过程中，还会受到温度、SO_2、通风、酸度和本身代谢产物的影响，这也是衡量酵母发酵能力的体现。

在其发酵过程中，可以将酵母的生长周期分为三个阶段：①繁殖阶段，酵母迅速出芽繁殖，逐渐使其群体数量达到 10^7 个 /mL，这一阶段持续 2～5 d；②平衡阶段，酵母数不增不减，处于稳定的状态，一般可持续 8 d；③衰减阶段，酵母的群体数量逐渐下降，直至 10^5 个 /mL，这一阶段持续几周，所以能够快速发酵的同时抑制杂菌生长是评价优良酵母的指标之一。

在酿酒相关研究和生产中，常涉及乙醇含量的测定。采用重铬酸钾比色法操作较简单，能同时测定多个样品，不需要特殊仪器，一般实验室均能进行。其原理是：在酸性条件下重铬酸钾与乙醇反应生成三价铬离子（Cr^{3+}），而 Cr^{3+} 在 590 nm 处有吸收峰，可以利用吸光度值计算溶液中的乙醇含量。

$$3CH_3CH_2OH+2K_2Cr_2O_7+8H_2SO_4 \rightleftharpoons 3CH_3COOH+2Cr_2(SO_4)_3+2K_2SO_4+11H_2O$$

pH 计是一种用来测定溶液酸碱度值的化学分析仪器，其原理是利用原电池的两个电极间的电动势，依据能斯特定律，既与电极的自身属性有关，还与溶液里的氢离子浓度有关，而与其他离子的存在关系很小。原电池的电动势和氢离子浓度之间存在对应关系，氢离子浓度的负对数即为 pH 值。25℃液相中氢离子活度为 1 mol/kg，气相氢气压为 1.0132×10^5 Pa（1 个大气压），这时的氢电极被称为标准氢电极，它的电极电势为零。任何电极的电势都可以依据这个标准氢电极来度量。将待测电极与标准氢电极连接，温度控制在 25℃，所测的电池电动势称为标准电极电势。因此，待测溶液 pH 的变化可以直接表示为它所构成的电池电动势的变化（E），即

$$E=E_0+（2.303RT/F）\lg \alpha H^+ =E_0-（2.303RT/F）pH \tag{2-1}$$

式中：R 为气体常数［8.3143J/（℃·g）］；F 为法拉第常数（96 487.0 C/mol）；T 为绝对温度（273.15＋摄氏温度）；E_0 为标准电极电位（V）。

由公式（2-1）可知，测得电池电动势后，可以计算出溶液的 pH。pH 的数值与产生的电动势电压（一般在 ±500 mV 以内）有很大的关系。

三、材料与器皿

1．材料

成熟的葡萄，酵母培养物。

2．培养基和试剂

2% 重铬酸钾溶液、75% 乙醇、生理盐水、15% 氢氧化钠溶液、营养琼脂培养基、偏重亚硫酸钾、乙醇、膨润土、盐酸、次甲基蓝、混合磷酸盐等。

3．仪器与器皿

pH 计、恒温培养箱、酶标仪、试管、三角瓶、广口玻璃发酵瓶、高压灭菌锅、电热恒温培养箱、冰箱、恒温水浴锅、托盘天平、电炉、吸管、玻璃珠、培养皿、试管、试管架、酒精灯、均质器、灭菌刀或剪刀、灭菌镊子、酶标板、75% 酒精棉球、玻璃蜡笔、登记簿、锥形瓶、100 mL 容量瓶等。

四、实验操作流程

实验操作流程如图 2-7 所示。

五、实验步骤

（一）葡萄汁的灭菌

选取新鲜、清洁、成熟无腐烂变质的葡萄果实适量，捣成浆后榨汁，并用无菌膜对葡萄汁进行过滤除菌，得到无菌葡萄汁。

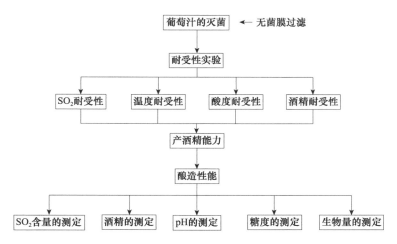

图 2-7 酵母的发酵性能测定实验操作流程图

(二) SO₂ 耐受性实验

用除菌后的葡萄汁接种事先活化好的酵母，然后转入三角瓶中，分别加入 40 mg/L、60 mg/L、80 mg/L、100 mg/L、120 mg/L、140 mg/L、160 mg/L SO_2，测定葡萄汁中酵母生物量的动态变化，记录其发酵过程。

(三) 温度耐受性实验

用除菌后的葡萄汁，接种事先活化好的酵母，然后转入三角瓶中，使其在 15℃、20℃、25℃和30℃恒温培养，测定葡萄汁中酵母生物量的动态变化，记录其发酵过程。

(四) 酸度耐受性实验

用除菌后的葡萄汁，接种事先活化好的酵母，然后转入三角瓶中，分别调整 pH 为 4、4.5、5、5.5、6、6.5 和 7，测定葡萄汁中酵母生物量的动态变化，记录其发酵过程。

(五) 酒精耐受性实验

实验采用 50°Bé 麦芽汁为培养基，接入酵母后静止培养，当达到对数生长期时加入酒精，使每个试样内酒精含量分别为 4%、7%、10%、13%、15% 和 18%（V/V），此时，细胞浓度为 $40 \times 10^6 \sim 50 \times 10^6$ 个 /mL。在加入酒精后 10 min、30 min、60 min、90 min、120 min、150 min、180 min 分别取样，以次甲基蓝为染色液，测定死亡细胞数量，并计算细胞存活力。

(六) 产酒精能力实验

在装有 250 mL 无菌葡萄汁的三角瓶中，接入 10 mL 酵母液，于室温下发酵，待发酵旺盛时，分别于第二天、第三天两次将发酵葡萄汁的糖调至 340 g/L，任其发酵，自然终止。澄清后，取样分析残糖、酒度及产酒精效率。

（七）白葡萄酒的酿造性能

将酵母接入装有约 75% 体积的 5 L 或 10 L 广口玻璃发酵瓶中，将糖调至 210 g/L，于 18～20℃发酵，发酵结束后除沉淀、过滤，调 SO_2，陈酿一个月后进行化学分析。感官品评需分析和观察的指标见表 2-1。

表 2-1　酵母酿造性能评价表

指标	葡萄汁		葡萄酒成分							发酵后酒的澄清状况	感官评语
	含糖量	含酸量	酒度	总酸	挥发酸	总酯	二氧化硫	总酚	残糖		
酵母菌株											

（八）SO_2 含量的测定

样品中 SO_2 的检测，参考第一章实验三的相关操作。

（九）乙醇的测定——重铬酸钾比色法

1. 标准曲线的制备

取乙醇标准溶液，用蒸馏水稀释成乙醇浓度分别为 0、0.2 g/L、0.4 g/L、0.6 g/L、0.8 g/L、1.0 g/L、1.2 g/L、1.4 g/L 的样品溶液。在 15 mm×15 cm 的试管中，分别加入 5 mL 样品溶液、2 mL 蒸馏水和 3 mL 重铬酸钾溶液，加试管塞，沸水浴 10 min，流水冷却至室温，取 200 μL 反应液至酶标板中，用酶标仪测定其在 590 nm 处的吸光度。以吸光度为横坐标，乙醇浓度（g/L）为纵坐标，绘制标准曲线，$C=KA+B$，其中 C 表示乙醇浓度，A 表示吸光度，K 表示标准曲线的斜率，B 表示曲线的校正值。

2. 试样的测定

将 1 mL 葡萄酒加入到 100 mL 容量瓶中定容，先取 200 μL 葡萄酒稀释液至酶标板中，用酶标仪测定其在 590 nm 处的吸光度Ⅰ。再将 5 mL 葡萄酒稀释液、2 mL 蒸馏水和 3 mL 重铬酸钾溶液加入锥形瓶内，加试管塞，沸水浴 10 min，流水冷却至室温，取 200 μL 反应液至酶标板中，用酶标仪测定其在 590 nm 处的吸光度Ⅱ。

3. 乙醇含量的计算

乙醇浓度（g/L）＝［（吸光度Ⅰ－吸光度Ⅱ）×A＋B］× 稀释倍数

式中，A 表示标准曲线的斜率；B 表示标准曲线的校正值。

（十）pH 的测定——酸度计测定

目前大多数实验室使用的酸度计（pH 计）是 0.01 级别的，以下主要介绍这一级别的校正。以雷磁 PHS-3C 型精密酸度计，使用由玻璃电极和参比电极组合在一起的塑壳可充式复合电极为例。校正前把酸度计和仪器校正配套使用的 pH 标准溶液（可用二级 pH 标准物质配制的溶液）放在室温为 10～30℃、相对湿度为 50%～85% 的环境下，恒温 24 h 以上。校正主要包括电计部分和电极的校正。

1．pH 计电计部分的校正

（1）对仪器的外观进行检查，检查仪器外观是否完好。

（2）校正 pH 计电计示值部分。用酸度计检定仪或直流电位差计等标准直流电位仪器（量程不小于 1 V，其准确度应高于被检电计测量准确度的 5 倍）。将电位差计和酸度计电计部分连接好后，调节电位差计，使其示值为零，并把电计的斜率调到最大，温度补偿器旋至 25℃的位置，调节定位旋钮使电计示值为 pH＝7。电计示值部分校正结束。

（3）校正电计输入电流。调节电计示值为 pH＝7 后，串联比 1000 MΩ 大的电阻，得出电计的示值变化量。电计示值重复性的校正是在接通 1000 MΩ 的电阻时电位差计向电计输入 177.471 mV（相当于 3 个 pH 单位）的电位值（pH 的读数），仪器的示值变化量即为重复性。

（4）校正电计温度补偿器的示值误差。在不同的温度下向电计输入不同的电压的电位值（pH 的读数），观察同一电压下示值的差别。

2．pH 计电极的校正

电计部分校正符合要求后，校正电极部分，同时准备好校正时使用的蒸馏水或去离子水和滤纸等物品。目前标准溶液有 7 种，在我国一般使用以下 3 种溶液。

（1）邻苯二甲酸氢钾（$KHC_8H_4O_4$），pH 4.003；

（2）混合磷酸盐（Na_2HPO_4），pH 6.864；

（3）硼砂（$Na_2B_4O_7 \cdot 10H_2O$），pH 9.182（以上 pH 在 25℃时）。

在恒温时把电极用蒸馏水清洗干净，并用烧杯装上蒸馏水，浸泡电极部分，去除电极部分的残留杂质。校正时要把仪器的斜率调到最大，并拨开电极上部的橡胶塞，使小孔露出，否则在进行校正时，会产生负压，导致溶液不能正常进行离子交换，使测量数据不准确。将电极从装蒸馏水的烧杯中拿出来，用滤纸把电极上残留的蒸馏水吸干。再将电极放进装有混合磷酸盐的烧杯内，等待 15 min 以上，然后调整仪器上的定位旋钮，使仪器显示 pH 为 6.86，这是先给仪器定基准点。定好基准点后把电极从装混合磷酸盐的烧杯内拿出，用蒸馏水洗净电极，并放在装有蒸馏水的烧杯内，等待 3 min 左右，使混合磷酸盐的残留部分溶解。稍后把电极从装蒸馏水的烧杯内拿出，并用滤纸把电极上残留的蒸馏水吸干，然后将电极放进装有邻苯二甲酸氢钾或硼砂的溶液中。等待 15 min 以上，观察仪器显示是否为 4.00 或 pH 为 9.18。如果不是就要调节仪器上的斜率旋钮，使仪器显示为 4.00 或 pH 9.18，这就是常用的二点校正。如果需要三点校正，就将另外一种溶液，按上面的步骤再次操作一遍。这就是酸度计的校正方法。

（十一）糖度的测定

样品中的糖含量的检测，参考第一章实验一的相关操作。

（十二）生物量的测定

1．检验方法

无菌状态下稀释检样并培养，取发酵样 25 mL，放入含有 225 mL 灭菌生理盐水或其他稀释液的灭菌玻璃瓶内（瓶内预先置适当数量的玻璃珠），经充分振摇或研磨做成 1∶10 的均匀稀释液。用 1 mL 灭菌吸管吸取 1∶10 稀释液 1 mL，沿管壁徐徐注入含有 9 mL 灭菌生理盐水或其他稀释液的试管内（注意吸管尖端不要触及管内稀释液，下同），振摇试管混合均匀，做成 1∶100 的稀释液。另取 1 mL 的灭菌吸管，按以上操作顺序做 10 倍递增稀释液，如此每递增稀释一次，即换用 1 支 1 mL 灭菌吸管。在测定生物量时选择 2～3 个适宜稀释度，分别在做 10 倍递增稀释的同时，即以吸取该稀释度的吸管移 1 mL 稀释液于灭菌培养皿内，每个稀释度做两个培养皿。稀释液移入培养皿后，应及时将晾至 37℃的营养琼脂培养基（也可放置在 37℃水浴锅内保温）注入培养皿 15～20 mL，并转动培养皿使其混合均匀，同时将营养琼脂培养基倾入加有 1 mL 稀释液（不含样品）的灭菌培养皿内作空白对照。等琼脂凝固后，翻转平板，置 37℃恒温箱内培养（48±2）h，取出，计算平板内菌落数目乘以倍数，即得 1 g（1 mL）样品所含菌落总数。

2. 菌落计算方法

1）菌落计数方法　　做平板菌落计数时，可用肉眼观察，必要时用放大镜检查，以防遗漏。在记下各平板的菌落数后，求出同稀释度的各平板的平均菌落总数。

2）菌落计数的报告

（1）平板菌落数的选择。选取菌落数为 30～300 的平板作为菌落总数测定标准。一个稀释度使用两个平板，应采用两个平板平均数，其中一个平板有较大片状菌落生长时，则不宜采用，而应以无片状菌落生长的平板作为该稀释度的菌落数，若片状菌落不到平板的一半，而其余的一半中菌落分布又很均匀，即可计算半个平板后乘以 2 以代表全皿菌落数。

（2）稀释度的选择。应选择平均菌落数为 30～300 的稀释度，乘以稀释倍数报告之。若有两个以上稀释度，其生长的菌落数均为 30～300，则视两者之比如何来决定。若其比值小于或等于 2，应报告其平均数；若大于 2 则报告其中较小的数字。

若所有稀释度的平均菌落数均大于 300，则应按稀释度最高的平均菌落数乘以稀释倍数报告之。

若所有稀释度的平均菌落数均小于 30，则应按稀释度最低的平均菌落数乘以稀释倍数报告之。

若所有稀释度均无菌落生长，则以小于 1 乘以最低稀释倍数报告之。

若所有稀释度的平均菌落数均不在 30～300，其中一部分大于 300 或小于 30 时，则以最接近 30 或 300 的平均菌落数乘以稀释倍数报告之。

（3）菌落数的报告。菌落数在 100 以内时，按其实有数报告，大于 100 时，采用两位有效数字，在两位有效数字后面的数值，以四舍五入方法计算。为了缩短数字后面的零数，也可用 10 的指数来表示。

六、结果讨论

认真记录并分析实验结果。结果的讨论与分析建议从以下三点展开。

（1）通过实验得到的数据评估所测酵母在温度、SO_2、乙醇和 pH 耐受性方面的能力；

（2）在酒精发酵过程中，记录并评估该酵母的起始发酵时间和持续发酵能力；

（3）酒精发酵结束后，通过感官评定评估葡萄酒的优劣，判断该酵母的好坏。

七、总结与展望

为了测定活化好的酵母菌株的酿酒性能，本实验从当地的葡萄分离获得酵母菌株，活化以后对其发酵性能进行测定。根据实验结果的分析讨论，撰写实验报告，制定针对酵母酿造特性实验的工艺流程，并详述操作规范。根据已有的实验操作及其结果，展望下一次同类实验或研发工作的必要处理措施，如①如何优化酵母的酿造性能，可根据现有实验结合所学知识，进一步优化实验方案的设计；②规范酵母酿造性能测定的关键实验操作技术流程。

八、思考题

（1）如何对实验酵母进行酿酒特性的综合评价？

（2）除了以上的评价标准，还有哪些方面可以评价酵母的发酵能力？

实验四 活性干酵母的使用

一、目的意义

（1）掌握区分酵母死细胞和活细胞的染色方法；

（2）观察酵母细胞的形态、出芽生殖方式及子囊孢子形态；

（3）掌握活性干酵母复水活化及活化培养的使用方法。

二、基础理论

干酵母的特性有：①外观乳白色、条状、无异味；②是高生物活性物质，活细胞率80%以上，水分在5%左右，细胞总数$1×10^6$个/g；③具有耐高酒度的能力（12%以上）；④具有较强的发酵能力，能很好地将葡萄原汁发酵至干（4 g/L以下的残糖水平）；⑤具有较强的耐二氧化硫的能力（80～100 mg/L）；⑥具有耐低温的性能。

活性干酵母的特点有：自然状态的酵母含水量多在70%以上，而活性干酵母要长期保存，其含水量一般在5%以下。因此，在活性干酵母使用前必须让其吸收大量水分以恢复至自然状态的细胞含水量，使其恢复活性，以增强其发酵活力。高活性干酵母是由特殊的鲜酵母经压榨脱水后仍保持强的发酵能力的干酵母制品，将压榨酵母挤压成细条状或小球状，利用低湿度的循环空气经流化床连续干燥，使最终发酵水分达8%左右，并能够保持酵母良好的发酵能力。

酵母是对人类贡献最大的微生物工业产品。目前，国内外利用现代酵母工业技术来大量培养葡萄酒酵母，然后在保护剂的共存下，低温真空脱水干燥，在惰性气体的保护下，包装成商品酵母产品。这种酵母具有潜在生长活性和发酵活性，它解决了葡萄酒厂扩大培养酵母的弊端，并克服了鲜酵母易变质、不易保存等缺点，为葡萄酒厂提供了很大的方便。20世纪70年代以来，采用遗传工程及现代干燥技术，制成即发活性干酵母，又称高活性干酵母，与活性干酵母相比，含水分4%～6%，其颗粒小，发酵速度快，使用时不需预先水化，可直接使用。目前的产品大多为活性干酵母，种类有面包、酒精、葡萄酒用的活性干酵母。

葡萄酒用活性干酵母一般是浅灰色至黄色的圆球形或圆柱形颗粒，含水量低于5%～8%，蛋白质含量为40%～45%，酵母数为$22×10^{10}$～$23×10^{10}$个/g，其保存期长，20℃保存一年的失活率为20%，4℃保存一年的失活率仅为5%～10%。保质期可达24个月，但

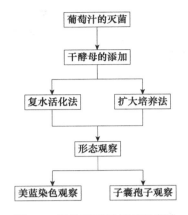

图 2-8　活性干酵母使用的实验
操作流程图

起封后最好一次性用完。活性干酵母的使用虽然简单，但不能直接投入葡萄汁进行发酵，需要抓住复水活化、适应使用环境、防止污染这三个关键点才能成功使用活性干酵母。

三、材料与器皿

1. 材料等

成熟的酿酒葡萄，活性干酵母。

2. 仪器与器皿

千分之一天平、温度计、量筒、电炉、水浴锅、显微镜、镊子、盖玻片、载玻片、滤纸等。

四、实验操作流程

实验操作流程如图 2-8 所示。

五、实验步骤

（一）葡萄汁的灭菌

选取新鲜、清洁、成熟无腐烂变质的葡萄果实适量，捣成浆后榨汁，并用无菌膜对葡萄汁进行过滤除菌，得到无菌葡萄汁。

（1）装置的安装。将滤膜穿过中心柱，叠放在砂芯过滤基座上，再放上过滤杯，收紧滤筒夹束后，检查装置的气密性。膜上齐后，连接好并开启真空泵，观察真空泵上的压力表是否正常。滤膜在清洗过程中，严禁反冲洗，以免损坏滤膜。

（2）装置的灭菌。灭菌之前先用 50～60℃ 热水润湿，反洗滤芯一定时间，将水温升到 80～85℃ 进入杀菌阶段。

（3）过滤。将葡萄汁倒入无菌的过滤杯中，开启真空泵进行抽滤。

（二）活性干酵母的添加

葡萄酒生产中使用活性干酵母有以下两种方法。

1. 复水活化后直接使用

活性干酵母使用前必须先使其复水，恢复其活力，然后才可以投入使用。此方法较为简单，按照葡萄醪的状况和活性干酵母的说明确定添加酵母的量即可。

2. 活化后扩大培养制成酒母使用

由于活性干酵母有潜在的发酵活性和生长繁殖能力，为了提高使用效果、减少活性干酵母的用量，也可在复水活化后再进行扩大培养，制成酒母使用。这样使酵母在扩大培养中进一步适应环境条件，恢复全部的潜在性能。做法是将复水活化的酵母以 5%（m/m）的量接种到含 80～100 mg/L SO_2 的葡萄汁中培养，扩大比为 5～10 倍。当培养至酵母的对数生长期后，再扩大 5～10 倍培养，为了防止污染，每次活化后酵母的扩大培养以不超过 3 级为宜。培养的条件与一般的葡萄酒酵母相同。按照活化说明进行活化，包括活化剂的量、温度、时间、温差、是否搅拌等。

（三）形态观察

将两种方法活化的活性干酵母分别滴加到洁净的载玻片上，用镊子夹住盖玻片以45°角斜插，盖在菌悬液上，避免产生气泡，用滤纸片吸走多余的菌液，使盖玻片紧贴载玻片。先用低倍镜找到酵母，再用高倍镜观察酵母的形态和出芽情况。

实验结果如图2-9～图2-11所示，其中图2-9和图2-10中活细胞为无色，死细胞为蓝色；图2-11中子囊孢子呈绿色，菌体和子囊呈粉红色。

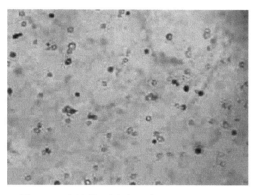

图2-9 酵母美蓝浸片观察3 min（×400）
图中活细胞为无色，死细胞为蓝色

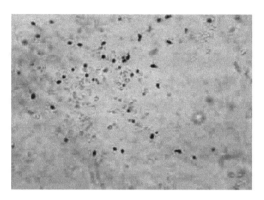

图2-10 酵母美蓝浸片观察30 min（×400）
图中活细胞为无色，死细胞为蓝色

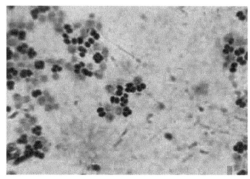

图2-11 酵母子囊孢子观察（×1000）
子囊孢子呈绿色，菌体和子囊呈粉红色

彩图

（四）染色观察

1. 美蓝浸片的观察（观察酵母的死活及出芽）

1）酵母的死活状态 美蓝的氧化型呈蓝色，还原型则无色。由于新陈代谢，活细胞内有较强的还原能力，使美蓝由蓝色氧化型转变为无色的还原型，染色后活细胞呈无色。死细胞或代谢能力微弱的衰老细胞的还原能力弱，染色后细胞呈蓝色或淡蓝色。

在美蓝浸片的观察中，在3 min时所观察到的视野中的酵母总数为81，其中活细胞数量为75，死细胞数量为6，死亡率为7.41%；而在30 min时所观察到的同一视野中的酵母活细胞数量减少到71，死细胞数量增加到10，死亡率为12.35%。显而易见，30 min比3 min时酵母死细胞的数量略有增加。

2）酵母的出芽 经过仔细观察酵母的美蓝装片，发现酵母在出芽繁殖时会在母体上长出一个芽，芽体与母体相连，但从个体大小上讲这个芽一般比母体要小一些。酵母的芽殖

过程开始于母细胞的细胞质和壁向外突出，进而细胞核以有丝分裂方式分成两个子核，一个子核留在母细胞内，另一个子核转移到突出部分，然后细胞在突出部分缢缩而生出芽体。芽体与母细胞暂时相连，并可以重复上述过程形成一个许多芽体彼此相连的群体。当芽体长到与母细胞大小相近时，从母体上脱落下来，成为完整的新个体。

2. 子囊孢子的观察

酵母是以形成子囊和子囊孢子的方式进行有性繁殖的。两个邻近的酵母细胞各自伸出一根管状的原生质突起，随即相互接触、融合，并形成一个通道，两个细胞核在此通道内结合，形成双倍体细胞核，然后进行减数分裂，形成4个或8个细胞核。每一子核与其周围的原生质形成孢子，即为子囊孢子，形成子囊孢子的细胞称为子囊。经染色后子囊孢子呈绿色，菌体和子囊呈粉红色。

在有美蓝溶液的条件下观察酵母的形态和进行死活细胞区别时，主要注意以下两点。

（1）染液不宜过多或过少，否则，在盖上盖玻片时，菌液会溢出或出现大量气泡。

（2）用镊子取一块盖玻片，先将一侧与菌液接触，然后慢慢将盖玻片放下，使其盖在菌液上，盖玻片不宜平着放下，避免气泡产生。

在染色观察酵母的子囊孢子时，应该注意涂片不宜涂得太厚、控制好染色时间等，以避免实验的效果不好。

六、结果讨论

认真记录并分析实验结果。结果的讨论与分析建议从以下两点展开。

（1）不同活性干酵母活化方法的共同之处有哪些？

（2）讨论不同活性干酵母用活化方法活化后酵母的形态差异。

七、总结与展望

根据实验结果的分析讨论，撰写实验报告，制订针对活性干酵母的使用流程，并详述操作规范。根据已有实验操作及其结果，展望下次同类实验或研发工作的必要处理措施，如①规范活性干酵母的使用流程；②根据活性干酵母的发酵特性，做好活性干酵母的使用流程优化。

八、思考题

（1）活性干酵母活化前后形态会发生哪些变化？

（2）为什么活性干酵母使用前需要进行活化？

实验五　酒精发酵的启动与监控

一、目的意义

（1）了解葡萄酒酒精发酵过程中，葡萄汁发生的复杂生理生化反应。

（2）掌握葡萄酒酒精发酵过程中需要重点观测监控的技术要点。

二、基础理论

酒精发酵是在酵母的作用下完成的，只有葡萄汁中的酵母达到一定浓度时发酵才能开始。酵母将葡萄浆果中的糖分解为酒精、二氧化碳和副产物，这一过程称为酒精发酵。与此同时，通过酵母代谢葡萄汁中的含氮化合物和硫化物，进而合成葡萄酒的风味和香气物质。酒精发酵的生化过程主要由两个阶段组成，第一阶段己糖通过糖酵解途径分解成丙酮酸，第二阶段丙酮酸由脱羧酶催化生成乙醛和二氧化碳，乙醛再进一步被还原成乙醇。

在葡萄酒发酵过程中，我们可以观察到如下的物理现象："帽"的形成和由 CO_2 引起的发酵基质的膨胀，发酵基质的温度升高，密度下降接近水的密度，颜色的变化，味道的变化。

温度升高：酒精发酵是放热反应，发酵 1 g 葡萄糖可释放 33 cal 热能，但由于酵母保证其生长发育要利用部分能量，所以这一反应中只释放了 24 cal 热能。对体积较小的发酵罐，升温的平均速度为每生成 1 度酒精，温度上升 1.3℃。温度的过高（过低）会带来严重的影响，会终止酵母的活动，从而终止发酵，发酵的终止会使葡萄酒具有腊味、挥发酸含量升高、葡萄酒的质量降低，所以温度不能超过 30℃，同时也不能过低。我们可以采取直接降温（升温）或间接降温（升温）的方法来解决。

密度下降：在酒精发酵过程中，随着基质中的糖分转化为酒精，密度逐渐下降到水的密度（1.000），最终降到 0.992～0.996。可用密度计在取样量筒中进行测定，测定密度时，应利用同时测得的温度进行校正。

三、材料与器皿

1. 材料
葡萄原料、酿酒酵母培养物、膨润土。

2. 仪器
温度计、比重计、广口玻璃发酵瓶、细口玻璃贮藏瓶、小型压榨机等。

3. 试剂
偏重亚硫酸钾、白砂糖、$CaCO_3$、果胶酶、聚乙烯吡咯烷酮（PVPP）、抗坏血酸（维生素 C）、氢氧化钠标准滴定溶液（0.05 mol/L）、酚酞指示剂（10 g/L）、盐酸溶液、碘标准滴定溶液（0.005 mol/L）、碘化钾、淀粉指示液（5 g/L）、硼酸钠饱和溶液等。

四、实验操作流程

实验操作流程如图 2-12 所示。

五、实验步骤

1. 葡萄预处理
取成熟度良好的酿酒葡萄，含糖量＞170 g/L，去除病虫、

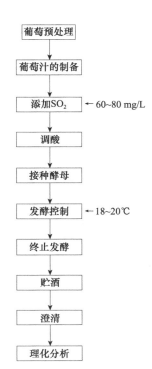

图 2-12 活性干酵母使用的实验操作流程图

畸形、生青果实。

2. 葡萄汁的制备

手工去梗，用小型压榨机（板）进行压榨取汁，勿撕烂果皮，压破种子。取汁测定含糖量、含酸量、密度、温度。

3. 添加 SO₂

在取汁的同时，迅速加入 60～80 mg/L SO₂，将葡萄汁温度降至 5～10℃。

4. 调酸

如葡萄汁的含酸量高于 8.0 g/L（酒石酸计），则添加 CaCO₃ 降酸至 5.0～8.0 g/L；若其含酸量低于 5.0 g/L，则添加酒石酸增酸至 5.0～8.0 g/L。

5. 接种酵母

低温静置 24 h，分离清汁至广口玻璃发酵瓶中，注意不要超过瓶体积的 75%，加入已培养好的酵母菌液，启动酒精发酵。

6. 发酵控制

确认葡萄汁发酵后，按 17 g/L 糖生成 1% vol 酒精计算，如葡萄汁含糖量不足以发酵生成 12% vol 的酒精，添加足量的白砂糖，保证酒度达到 12% vol。发酵温度控制在 18～20℃，每天间隔 4～8 h 测定密度与温度 3～4 次，绘制发酵曲线，确保发酵平稳。

7. 终止发酵

当相对密度降至 0.993～0.996 时，测定还原糖，如小于 2 g/L，及时加入 60～80 mg/L SO₂，终止酒精发酵。

8. 贮酒

将发酵瓶上部澄清的酒液转移至清晰干净且已消毒的细口玻璃贮藏瓶中，加入已处理好的 0.5～1.0 g/L 膨润土和 50～200 mg/L PVPP，低温满瓶贮藏。

9. 澄清

贮藏 2 周后，分离酒脚，将澄清酒转至清洗干净已消毒的细口玻璃贮藏瓶中，调整游离 SO₂ 至 30 mg/L。

10. 理化分析

测定酒样的还原糖（残糖）、酒度、总酸、挥发酸等指标，测定方法参考第一章相关实验操作。

六、结果讨论

认真记录实验结果，按照类别汇总，做表分析（表 2-2），做必要的数据统计，如标准差、方差分析等，必要时做图比较。结果分析与讨论建议从以下几点展开。

（1）根据酒精发酵过程监测的温度和密度数据绘制发酵曲线（表 2-3）。在酒精发酵过程中，由于微生物的生化过程会产生热量，因此，其温度会有波动，在此过程中严格记录温度的变化并绘制曲线，分析发酵进程；随着酒精发酵的进行，酒体的密度也会随之发生变化，同时记录发酵汁密度，绘制发酵曲线。

（2）结合原料质量、糖酸含量、二氧化硫处理量、挥发酸等指标讨论酒精发酵的状况；在酒精发酵结束后，根据不同原料、发酵过程的糖酸变化、二氧化硫处理量，以及挥发酸等指标的监测情况，讨论这些因素对酒精发酵的进度及发酵酒的品质的影响。

表 2-2 葡萄酒酒精发酵记录表

罐号：		容积：		装罐开始时间：		结束时间：
原料品种：		体积：	总糖：	总酸：		卫生状况：
二氧化硫：		降酸（增酸）：			加糖：	

时间	温度	密度（比重）	备注

出罐时间：

自流酒： 体积 密度（比重） 温度 泵送至 号罐

压榨酒： 体积 密度（比重） 温度 泵送至 号罐

表 2-3 葡萄酒酒精发酵曲线

罐号：						容积：					装罐开始时间：				结束时间：	
原料品种：						体积：		总糖：			总酸：				卫生状况：	
二氧化硫：					降酸（增酸）：					加糖：					
相对密度（比重）：															温度 /℃
1100															32
1095															31
1090															30
1085															29
1080															28
1075															27
1070															26
1065															25
1060															24
1055															23
1050															22
1045															21
1040															20
1035															19
1030															18
1025															17
1020															16
1015															15
1010															14
1005															13
1000															12
995															11
990															10
第															天

出罐时间：

自流酒： 体积 密度（比重） 温度 泵送至 号罐

压榨酒： 体积 密度（比重） 温度 泵送至 号罐

（3）根据不同原料设计最优化的工艺技术流程。根据上述绘制的发酵曲线，比较不同因素对酒精发酵的进度及发酵酒的品质影响的分析结果，根据不同原料的具体情况，设计出最优化的工艺技术流程。

七、总结与展望

根据实验结果的分析讨论，撰写实验报告，制订针对不同葡萄原料状况的葡萄酒酒精发酵启动与主要酒体指标监测的工艺流程，并详述操作规范。根据已有实验操作及其结果，展望同类实验或研发工作的必要处理措施，如①规范葡萄酒酒精发酵启动的关键操作工艺；②根据不同葡萄原料状况启动葡萄酒酒精发酵的主要设计要点，做好工艺全程的技术优化。

八、思考题

（1）如何监控葡萄酒的酒精发酵并保证其发酵正常？

（2）如果酒精发酵温度过高，会出现哪些异常现象？

实验六 酵母计数实验（总菌数和活菌数）

一、目的意义

（1）掌握发酵过程中酵母数量的动态变化与葡萄酒质量密切相关的原理；

（2）掌握葡萄酒发酵过程中酵母生物量的检测方法；

（3）掌握血细胞计数法（总菌数）和平板菌落计数法（活菌数）的技术原理和操作方法。

二、基础理论

1. 血细胞计数法

血细胞计数法，即显微镜直接计数法，是用血细胞计数板在显微镜下直接计数酵母总数，是一种常用的微生物计数方法。该计数板是一块特制的载玻片，其上由 4 条槽构成 3 个平台（图 2-13）；中间较宽的平台又被一短横槽隔成两半，每一边的平台上各刻有一个方格网，每个方格网共分为 9 个大方格，中间的大方格即为计数室。计数室的刻度一般有两种规格，一种是一个大方格分成 25 个中方格，而每个中方格又分成 16 个小方格；另一种是一个大方格分成 16 个中方格，而每个中方格又分成 25 个小方格，但无论是哪一种规格的计数板，每一个大方格中的小方格都是 400 个。每一个大方格边长为 1 mm，则每一个大方格的

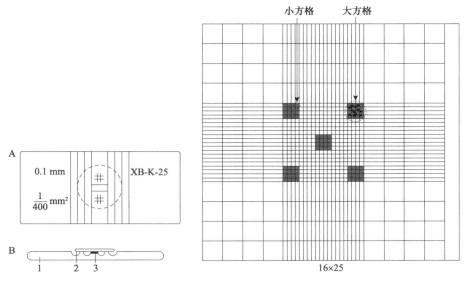

图 2-13 血细胞板构造

A. 正面图；B. 纵切面图。1. 血细胞计数板；2. 盖玻片；3. 计数室。

XB-K-25 为计数板的型号和规格，表示此计数板分 25 个中格。右图为计数室放大后的直观正面图

面积为 1 mm²，盖上盖玻片后，盖玻片与载玻片之间的高度为 0.1 mm，所以计数室的容积为 0.1 mm³（10^{-4} mL）。计数时，通常数 5 个中方格的总菌数，然后求得每个中方格的平均值，再乘上 25 或 16，就得出一个大方格中的总菌数，然后再换算成 1 mL 菌液中的总菌数。设 5 个中方格中的总菌数为 A，菌液稀释倍数为 B，如果是 25 个中方格的计数板，则 1 mL 菌液中的总菌数 $= A/5 \times 25 \times 10^4 \times B = 50\,000\,A \cdot B$（个）。

2. 平板菌落计数法

平板菌落计数法是将待测样品经适当稀释之后，其中的微生物充分分散成单个细胞，取一定量的稀释样液接种到平板上，经过培养，由每个单细胞生长繁殖而形成肉眼可见的菌落，即一个单菌落应代表原样品中的一个单细胞。统计菌落数，根据其稀释倍数和取样接种量即可换算出样品中的含菌数。但是，由于待测样品往往不易完全分散成单个细胞。所以长成的一个单菌落也可能来自样品中的 2～3 个或更多个细胞。因此平板菌落计数的结果往往偏低。为了清楚地阐述平板菌落计数的结果，现在已倾向使用菌落形成单位（colony-forming unit，CFU），而不以绝对菌落数来表示样品的活菌含量。平板菌落计数法虽然操作烦琐，结果需要培养一段时间才能取得，而且测定结果易受多种因素的影响，但是，由于该计数方法的最大优点是可以获得活菌的信息，所以被广泛用于生物制品（如活菌制剂）检验，以及食品、饮料和水（包括水源水）等的含菌指数或污染程度的检测。

血细胞计数法不能区别样品中菌种的死活，得到的是总菌数，而平板菌落计数法则统计的是样品的活菌数。

三、材料与器皿

1. 材料

正在发酵的葡萄醪。

2. 培养基

YPD 培养基：1% 酵母膏，2% 蛋白胨，2% 葡萄糖，2% 琼脂粉，121℃灭菌 20 min，冷却备用。

3. 仪器与器皿

显微镜、血细胞计数板、盖玻片、吸水纸、擦镜纸、移液管、容量瓶、1 mL 无菌移液管、无菌平皿、盛有 4.5 mL 无菌水的试管、试管架、无菌培养皿、接种环、恒温培养箱等。

四、实验操作流程

实验操作流程如图 2-14 所示。

五、实验步骤

1. 酵母总数的测定

1）菌悬液的制备　以无菌生理盐水将酿酒酵母制成浓度适当的菌悬液。

2）血细胞计数板预处理　在加样前，先对计数板的计数室进行镜检。若有污物，则需清洗，吹干后才能进行计数。

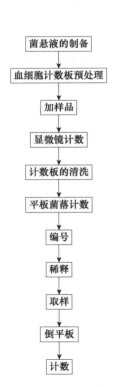

图 2-14　酵母计数实验操作流程图

3）加样品 将清洁干燥的血细胞计数板盖上盖玻片，再用无菌的毛细滴管将摇匀的酿酒酵母悬液由盖玻片边缘滴一小滴，让菌液沿缝隙靠毛细渗透作用自动进入计数室，一般计数室均能充满菌液。取样时先要摇匀菌液；加样时计数室不可有气泡产生。

4）显微镜计数 加样后静止 5 min，然后将血细胞计数板置于显微镜载物台上，先用低倍镜找到计数室所在位置，然后换成高倍镜进行计数。调节显微镜光线的强弱适当，对于用反光镜采光的显微镜还要注意光线不要偏向一边，否则视野中不易看清楚计数室方格线，或只见竖线或只见横线。在计数前若发现菌液太浓或太稀，需重新调节稀释度后再计数。一般样品稀释度要求每小格内有 5～10 个菌体为宜。每个计数室选 5 个中格（可选 4 个角和中央的一个中格）中的菌体进行计数。位于格线上的菌体一般只数上方和右边线上的。如遇酵母出芽，芽体大小达到母细胞的一半时，即作为两个菌体计数。计数一个样品要从两个计数室中计得的平均数值来计算样品的含菌量。

5）血细胞计数板的清洗 使用完毕后，将血细胞计数板在水龙头上用水冲洗干净，切勿用硬物洗刷，洗完后自行晾干或用吹风机吹干。镜检，观察每小格内是否有残留菌体或其他沉淀物。若不干净，则必须重复洗涤至干净为止。

2. 平板菌落计数法

1）编号 取无菌平皿 9 套，分别用记号笔标明 10^{-4}、10^{-5}、10^{-6}（稀释度）各 3 套。另取 6 支盛有 4.5 mL 无菌水的试管，依次标明 10^{-1}、10^{-2}、10^{-3}、10^{-4}、10^{-5}、10^{-6}。

2）稀释 用 1 mL 无菌移液管吸取 0.5 mL 已充分混匀的酵母悬液（待测样品）于 10^{-1} 的试管中，此即为 10 倍稀释。将多余的菌液放回原菌液中。将 10^{-1} 试管置试管振荡器上振荡，使菌液充分混匀。另取一支无菌吸管吸取 0.5 mL 10^{-1} 稀释度的菌液于 10^{-2} 试管中，此即为 100 倍稀释。其余依次类推，分别得到 10^{-3}、10^{-4}、10^{-5} 和 10^{-6} 稀释度菌悬液。放菌液时吸管尖不要碰到液面，即每一支吸管只能接触一个稀释度的菌悬液，否则稀释不精确，结果误差较大。

3）取样 用 3 支 1 mL 无菌移液管分别吸取 10^{-4}、10^{-5} 和 10^{-6} 的稀释菌悬液各 1 mL，对号放入编好号的无菌平皿中，每个平皿放 0.1 mL。

注意：不要用 1 mL 吸管每次只靠吸管尖部吸 0.1 mL 稀释菌液放入平皿中，这样容易加大同一稀释度几个重复平板间的操作误差。

4）倒平板 尽快向上述盛有不同稀释度菌液的平皿中倒入熔化后冷却至 45℃左右的 YPD 培养基约 15 mL/平皿，置水平位置迅速旋动平皿，使培养基与菌液混合均匀，而又不使培养基荡出平皿或溅到平皿盖上。由于细菌易吸附到玻璃器皿表面，所以菌液加入培养皿后，应尽快倒入熔化并已冷却至 45℃左右的培养基，立即摇匀，否则细菌将不易分散或长成菌落连在一起，影响计数。待培养基凝固后，将平板倒置于 37℃恒温培养箱中培养。

5）计数 培养 48 h 后，取出培养平板，算出同一稀释度 3 个平板上的菌落平均数，并按下列公式进行计算：

每毫升中菌落形成单位（CFU）=同一稀释度 3 次重复的平均菌落数 × 稀释倍数 ×5

注意：一般选择每个平板上长有 30～300 个菌落的稀释度计算每毫升的含菌量较为合适。同一稀释度的 3 个重复对照的菌落数不应相差很大，否则表示实验不精确。实际工作中同一稀释度重复对照平板不能少于 3 个，这样便于数据统计，减少误差。由 10^{-4}、10^{-5}、10^{-6} 3 个稀释度计算出的每毫升菌液中菌落形成单位数也不应相差太大。

（1）血细胞计数法的结果。将结果记录于表 2-4 中。A 表示 5 个中方格中的总菌数，B 表示菌液稀释倍数。

表 2-4　微生物计数表

	各个格中菌数					A	B	平均值	菌数/mL
	1	2	3	4	5				
第一室									
第二室									

（2）平板菌落计数法的结果。将培养后菌落计数结果填入表 2-5 中。

表 2-5　微生物菌落计数表

稀释度	10^{-4}				10^{-5}				10^{-6}			
	1	2	3	平均	1	2	3	平均	1	2	3	平均
CFU 数 / 平均												
每毫升中的 CFU 数												

六、结果讨论

认真记录并分析实验结果。结果的讨论与分析建议从以下两个方面开展。

（1）根据酒精发酵过程中温度和密度的监测结果，结合微生物种类、形态、出芽状况等指标讨论，总结酵母在酒精发酵中的变化。

（2）如果实验结果不理想，分析可能原因。例如，实验平板上长出的菌落不是均匀分散的，而是集中在一起的，问题出在哪里？为什么平板法和涂布法长出的菌落不同？为什么要培养较长时间（48 h）后观察结果？为什么熔化后的培养基要冷却至 45℃左右才能倒平板？

七、总结与展望

根据实验结果的分析讨论，撰写实验报告，制订针对酵母菌落计数的实验操作技术流程，并详述操作规范。根据已有实验操作及其结果，展望同类实验或研发工作的必要处理措施，如①规范酵母菌落计数的实验操作流程；②根据酵母菌落计数实验的主要设计要点，做好全程操作的技术优化。

八、思考题

（1）某单位要求知道一种干酵母粉中的活菌存活率，请设计一两种可行的检测方法。

（2）要使平板菌落计数准确，需要掌握哪几个关键操作？

（3）血细胞计数板计数的误差主要来自哪些方面？

（4）试比较平板菌落计数法和显微镜直接计数法的优缺点。

实验七　葡萄酒的苹果酸 - 乳酸发酵

一、目的意义

（1）了解苹果酸 - 乳酸发酵进行的条件及其对葡萄酒质量的影响；

（2）掌握葡萄酒苹果酸 - 乳酸发酵监测和控制的方法。

二、基础理论

苹果酸 - 乳酸发酵（MLF）是在葡萄酒酒精发酵结束后接种乳酸菌，在乳酸菌的作用下，将苹果酸分解为乳酸和 CO_2 的过程。在此过程中，苹果酸的两个羧基被一个乳酸羧基取代，从而使新葡萄酒酸涩和粗糙等特点消失。发酵一般是厌氧获得能量的反应，而苹果酸 - 乳酸发酵的能量来自少量糖的分解。由苹果酸转化为乳酸，有以下 3 条可能的途径（图 2-15）。

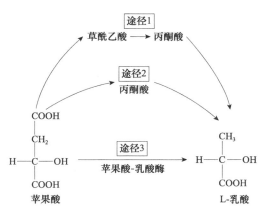

图 2-15 苹果酸 - 乳酸发酵代谢的途径

1）苹果酸—草酰乙酸—丙酮酸—乳酸 苹果酸在苹果酸脱氢酶的作用下生成草酰乙酸，再经草酰乙酸脱羧酶的作用将草酰乙酸脱羧生成丙酮酸，最后由乳酸脱氢酶把丙酮酸还原为乳酸。

2）苹果酸—丙酮酸—乳酸 由苹果酸酶直接将苹果酸脱氢脱羧转化为丙酮酸，丙酮酸则在乳酸脱氢酶的作用下被还原为乳酸。

3）苹果酸—乳酸 由苹果酸 - 乳酸酶催化，将苹果酸直接转化为乳酸。如果有丙酮酸环节，乳酸菌又具有两种脱氢酶，葡萄酒中就应该有 L 型和 D 型两种乳酸，而实际上苹果酸 - 乳酸发酵只是将酒中的 L- 苹果酸转化为 L- 乳酸，所以只能是第三条途径。

苹果酸 - 乳酸发酵对葡萄酒质量的影响体现在以下方面。

（1）降酸作用。在较寒冷的地区，葡萄酒的总酸，尤其是苹果酸的含量可能很高，苹果酸 - 乳酸发酵就成为理想的降酸方法。苹果酸 - 乳酸发酵是乳酸菌以 L- 苹果酸为底物，在苹果酸 - 乳酸酶催化下转变成 L- 乳酸和 CO_2 的过程。二元酸向一元酸的转化使葡萄酒总酸下降，酸涩感降低。酸降幅度取决于葡萄酒中苹果酸的含量及其与酒石酸的比例。通常，苹果酸 - 乳酸发酵可使总酸下降 $1 \sim 3$ g/L。

（2）风味修饰。苹果酸 - 乳酸发酵的另一个重要作用就是对葡萄酒风味的影响。例如，乳酸菌能分解酒中的柠檬酸生成乙酸、双乙酰及其衍生物（乙偶姻、2,3- 丁二醇）等风味物质。乳酸菌的代谢活动改变了葡萄酒中醛类、酯类、氨基酸、其他有机酸和维生素等微量成分的浓度及呈香物质的含量。这些物质的含量如果在阈值内，对酒的风味有修饰作用，并有利于葡萄酒风味复杂性的形成；但如果超过了阈值，就可能使葡萄酒产生泡菜味、奶油味、奶酪味、干果味等异味。其中，双乙酰对葡萄酒的风味影响很大，当其含量小于 4 mg/L 时对风味有修饰作用，而高浓度的双乙酰则表现出明显的奶油味。苹果酸 - 乳酸发酵后有些脂肪酸和酯的含量也发生了变化，其中乙酸乙酯和丁二酸二乙酯的含量增加。

（3）降低色度。在苹果酸 - 乳酸发酵过程中，由于葡萄酒总酸下降（$1 \sim 3$ g），引起葡萄酒的 pH 上升（约 0.3 个单位），这导致葡萄酒的色度（color intensity）下降。此外，乳酸菌利用了与 SO_2 结合的物质（α- 酮戊二酸、丙酮酸等酮酸），释放出游离 SO_2，后者与花色苷结合，也能降低酒的色度。在有些情况下苹果酸 - 乳酸发酵后，色度能下降 30% 左右。因此，苹果酸 - 乳酸发酵可以使葡萄酒的颜色变得老熟。

（4）细菌可能引起的葡萄酒病害。在含糖量很低的干红和一些干白葡萄酒中，苹果酸是最易被乳酸菌降解的物质，尤其是在 pH 较高（3.5～3.8）、温度较高（＞16℃）、SO₂ 浓度过低或苹果酸 - 乳酸发酵完成后不立即采取终止措施时，几乎所有的乳酸菌都可变为病原菌，从而引起葡萄酒病害。根据底物来源可将乳酸菌病害分为：酒石酸发酵病（或泛浑病）、甘油发酵病（可能生成丙烯醛）（或苦败病）、葡萄酒中糖的乳酸发酵病（或乳酸性酸败）。

除了降低酸味，苹果酸 - 乳酸发酵还有助于提高葡萄酒的其他性能，如增加了细菌学稳定性、风味修饰等，但控制不当也会引起葡萄酒的乳酸菌病害。在苹果酸 - 乳酸发酵中，最常见的是酒酒球菌（*Oenococcus oeni*），在较低的 pH 下，苹果酸在被酒酒球菌的非生长细胞降解时，几乎不消耗糖或柠檬酸。

三、材料与器皿

1．材料
未进行苹果酸 - 乳酸发酵的干红葡萄酒、商业酒酒球菌、商业植物乳杆菌等。

2．试剂与培养基
丁醇、50% 乙酸、溴酚蓝、苹果酸、乳酸、酒石酸（色谱纯）、牛肉膏、酵母膏、蛋白胨、葡萄糖、KHCO₃、K₂HPO₄、醋酸钠、MgSO₄·7H₂O、MnSO₄·4H₂O、吐温 80、柠檬酸三铵、琼脂、放线酮、1% NaOH 溶液、0.3% 柠檬酸溶液、亚硫酸水溶液（6% SO₂）、1% 过氧化氢水溶液、无水乙醇（分析纯）、50 mg/L SO₂ 等。

MRS 培养基：准确称量牛肉膏 10.0 g、酵母膏 5.0 g、蛋白胨 10.0 g、葡萄糖 20.0 g、K₂HPO₄ 2.0 g、醋酸钠 5.0 g、MgSO₄·7H₂O 0.2 g、MnSO₄·4H₂O 0.05 g、吐温 80 1.0 g、柠檬酸三铵 2.0 g、琼脂 15 g，溶于 1000 mL 蒸馏水中，121℃灭菌 20 min。

3．仪器与器皿
层析缸、电吹风、点样用吸管、滴定管、层析用滤纸、挥发酸测定装置、pH 计、灭菌锅、一次性培养皿（90 mm）、烧杯、广口玻璃瓶（1L）等。

四、实验操作流程
实验操作流程如图 2-16 所示。

五、实验步骤

1．容器准备
玻璃容器等均需清洗后消毒灭菌，对于酒石酸、色素等沉积物或污渍，可用 1%～2% NaOH 水溶液冲洗，清水洗净后，0.3% 柠檬酸水溶液清洗，然后清水洗净。消毒灭菌一般采用 1%～2% SO₂ 水溶液冲洗，或 0.5% SO₂ 水溶液浸泡，也可用高锰酸钾 2%～5% 水溶液冲洗或 0.1% 的水溶液浸泡，1% 过氧化氢水溶液可用于对器皿、用具等及操作者的手进行消毒。

2．原料准备
取未进行苹果酸 - 乳酸发酵的干红葡萄酒 8 L，用 KHCO₃ 调整酸度，使其 pH≥3.2，将其分为 2 份，用分析纯乙醇分别调节酒度至 13% vol 及 15% vol，随后分别分装至 1 L 的广口玻璃瓶中，装液量为 1 L。

3．接种处理
针对不同酒度的酒样进行如下处理。

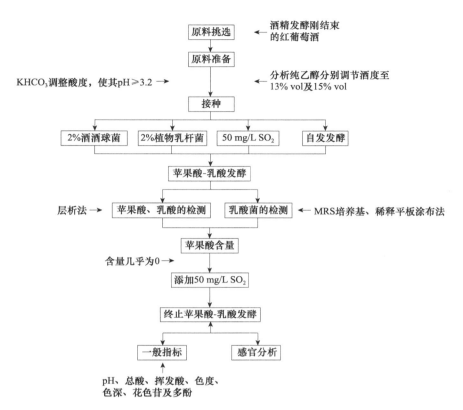

图 2-16 苹果酸 - 乳酸发酵实验操作流程图

处理Ⅰ：按 2% 的接种量，接种活化好的商业酒酒球菌，盖紧；

处理Ⅱ：按 2% 的接种量，接种活化好的商业植物乳杆菌，盖紧；

处理Ⅲ：添加 50 mg/L SO₂，冷藏，作为空白对照；

处理Ⅳ：直接加盖，使其进行自发的苹果酸 - 乳酸发酵。

4. 苹果酸 - 乳酸发酵

控制发酵温度为 18～20℃。每天观察酒液状况，每隔 2 d 取样一次，检测苹果酸、乳酸及乳酸菌，直至苹果酸 - 乳酸发酵结束。

1）苹果酸、乳酸的监测（层析法）　如图 2-17 所示，薄层层析装置可用于苹果酸和乳酸的监测，葡萄酒中的常见酸在薄板纸上由近及远（距点样点）的顺序为酒石酸、苹果酸、琥珀酸、乳酸。在 1 L 丁醇中加入 1 g 溴酚蓝溶解（不能加热），然后取 50 mL 此液与 25 mL 50% 乙酸混合得到展开剂，将展开剂装入层析缸内，封严，在离薄板下端 4～5 cm 处滴上待分析的样品。每滴样品之间的间距为 3～4 cm，点样直径不超过 5 mm；最中间的一滴为苹果酸，各样品的点样管不能混用，以免污染（每次点完后用电吹风使其干燥），重复 8～10 次，将薄板如图 2-17 所示放入层析缸内，样点不能浸

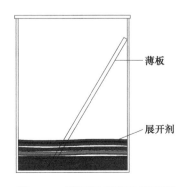

图 2-17 薄层层析装置示意图

入展开剂，盖严，层析时间 4～6 h，取出干燥，观察薄板上斑点的大小及距原点的距离，确定其种类和量。

2）乳酸菌的检测　　乳酸菌计数所使用的培养基为 MRS 琼脂培养基。由于葡萄汁中还有残余酵母，因此，在倒平板前（培养基温度降至 60℃以下），加入 10 mg/L 放线酮抑制酵母生长。倒平板及稀释平板涂布法的操作参见第二章实验一的相关步骤。

5. 苹果酸 - 乳酸发酵结束

当通过层析法确定苹果酸完全消失时，即说明发酵结束。

6. 葡萄酒的一般指标及感官分析

在苹果酸 - 乳酸发酵结束的酒样中加入 50 mg/L SO_2，终止乳酸菌的活动。随后取适量酒样，检测其 pH、总酸、挥发酸、色度、色深、花色苷及多酚，并对所获得的各组样品进行感官分析。其中，总酸、花色苷及多酚的检测步骤参考第一章实验一的相关步骤，挥发酸、色度及色深的检测参考第一章实验三和实验五的相关步骤。

六、结果讨论

认真记录并分析实验结果。结果的讨论与分析建议从以下 5 点展开。

（1）分析并讨论不同酒度对乳酸菌生长及苹果酸 - 乳酸发酵速度的影响；

（2）分析酒酒球菌发酵后酒样的 pH、总酸、挥发酸、多酚、花色苷、颜色指标及感官质量，并与空白对照，讨论使用酒酒球菌进行苹果酸 - 乳酸发酵对葡萄酒理化指标及风味的影响；

（3）分析植物乳杆菌发酵后酒样的 pH、总酸、挥发酸、多酚、花色苷、颜色指标及感官质量，并与空白对照，讨论使用植物乳杆菌进行苹果酸 - 乳酸发酵对葡萄酒理化指标及风味的影响；

（4）根据接种发酵和自发发酵的乳酸菌生长量、发酵速度及葡萄酒的理化风味特点，分析讨论两种发酵的优缺点；

（5）分析酒精对酒酒球菌和植物乳杆菌生长发酵的影响，并讨论这两种乳酸菌分别赋予葡萄酒的理化风味特征。

七、总结展望

根据实验结果的分析讨论，撰写实验报告，制订针对葡萄酒苹果酸 - 乳酸发酵及监控的工艺方案，详述操作规范。根据已有实验操作及其结果，展望下次同类实验或研发工作的必要处理措施，如苹果酸 - 乳酸自发发酵对二氧化硫、酒精含量的要求。对于接种发酵而言，能够根据葡萄酒的理化指标，如酒精、pH 等条件，结合工艺要求，选择适当的商业乳酸菌菌株。

八、思考题

（1）试评述苹果酸 - 乳酸发酵过程中发生的物理与化学现象。

（2）影响乳酸菌生长及苹果酸 - 乳酸发酵的因素有哪些？

（3）苹果酸 - 乳酸发酵对葡萄酒质量有何影响？

第三章 葡萄酒的澄清与稳定

实验一 化学降酸实验

一、目的意义

（1）理解化学降酸的原理及其必要性；

（2）掌握葡萄酒化学降酸的计算方法；

（3）熟练掌握葡萄酒化学降酸的工艺操作。

二、基础理论

有机酸是葡萄酒味感的骨架，干葡萄酒中一般有机酸含量为 5～8 g/L（酒石酸计），过低的酸会使葡萄酒口感平淡，酒体缺乏支撑；而过高的酸会使葡萄酒在口腔内产生尖酸的感觉，因此葡萄酒在灌装前需要进行酸度的评价，考虑是否要进行降酸或增酸处理。除了进行不同批次的葡萄酒勾兑之外，降酸处理是调整葡萄酒酸度的常用工艺措施，而化学降酸又是其中被认为较简单易行的操作。但是，化学降酸如果处理不当，同样会造成葡萄酒质量与风味的损害。

葡萄与葡萄酒中的有机酸主要是酒石酸和苹果酸，进行苹果酸 - 乳酸发酵（MLF）的酒中苹果酸转化为乳酸。欧亚种酿造葡萄正常采摘的成熟原料中含酸量通常为 6～9 g/L，苹果酸为 1～3 g/L，一般同品种原料在冷凉地区比暖温地区含有更高的苹果酸，由于雨季而提前采收的原料中也含有更高的苹果酸。化学降酸即通过弱酸强碱盐中的金属离子与酒石酸根、苹果酸根形成溶解度更低的盐而从酒中析出，从而达到去除部分有机酸升高 pH 的目的。因为酒石酸钙比苹果酸钙的溶解度更低，所以降低最多的是酒石酸。为了不给葡萄酒带来其他的弱酸根离子，最佳的化学降酸剂是碳酸钙（$CaCO_3$）和碳酸氢钾（$KHCO_3$），添加它们形成酒石酸钙的同时，产生大量的二氧化碳气泡。酒石酸氢钾溶解度很低（但高于酒石酸钙），$KHCO_3$ 与酒石酸形成酒石酸氢钾（俗称酒石）而析出。由于酒石酸钾溶于水，1 分子的酒石酸钾可以与 1 分子的酒石酸形成酒石酸氢钾析出，所以酒石酸钾也是葡萄酒降酸的可用试剂。因为酒石酸是二价酸，相对分子质量是 150，Ca^{2+} 和 K^+ 对应的 $CaCO_3$ 和 $KHCO_3$ 的相对分子质量都是 100，所以一般添加 1.0 g $CaCO_3$ 或 2.0 g $KHCO_3$，降低 1.5 g 酸（以酒石酸计）或降低 1.0 g 酸（以硫酸计，相对分子质量 98）。如果添加酒石酸钾，则降低 1.0 g 酸（以酒石酸计）需要 2.5～3.0 g。

值得注意的是，化学降酸处理形成的酒石酸钙或酒石酸氢钾也属于弱酸强碱盐，在酒中同样存在溶解平衡，一般化学降酸低于 2 g/L 时，效果还好，但如果化学降酸量高，就会在酒中残留 Ca^{2+}、K^+，尤其是 Ca^{2+}，造成后续贮运期间的产品不稳定。对于红葡萄酒，化学降酸最好在酒精发酵结束时进行，可结合分离转罐添加化学降酸剂；而对于白葡萄酒，应在

葡萄汁澄清后加入降酸剂，进行一次封闭式倒罐，以使降酸盐分布均匀，低温贮藏 1～2 d 后分离澄清汁启动发酵。

三、材料与器皿

1．葡萄酒样品

酒样酸度偏高（大于 9 g/L），pH 较低，或在口腔中产生尖酸的感觉，影响到其感官平衡和风味质量，有必要进行化学降酸处理。

2．试剂与辅料

0.05 mol/L 氢氧化钠标准溶液、0.1 mol/L 氢氧化钠溶液、酚酞溶液、降酸剂（碳酸钙、碳酸氢钾和酒石酸钾粉末）等。

3．仪器与器皿

pH 计、天平、药匙、量筒、250 mL 烧杯、玻璃棒、磨口试剂瓶、总酸测定装置、真空过滤机或小型硅藻土过滤机等。

四、实验操作流程

实验操作流程如图 3-1 所示。

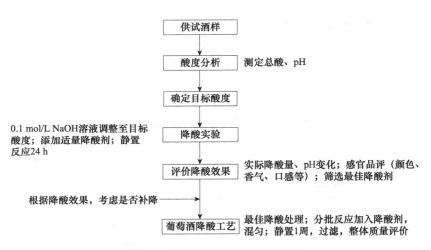

图 3-1　化学降酸实验操作流程图

五、实验步骤

1．测定酒样的初始酸度和 pH

1）总酸的测定　　参考第一章实验一的相关步骤。

2）pH 的测定　　pH 计接通电源，预热 30 min；按照操作说明对 pH 计进行定期校准；之后用蒸馏水冲洗电极 15 s，用纸巾擦干，测定酒样对应温度下的 pH；测样结束后，将电极冲洗干净并擦干，放入保护液中，关闭仪器。样品重复测定 3 次。

2．确定目标酸度和 pH

葡萄酒的可滴定酸一般为 6～9 g/L（以酒石酸计），pH 为 3.0 左右。白葡萄酒的 pH 为

3.0～3.5，低于红葡萄酒。葡萄酒的酸度与品种特性、产区气候、酿造工艺等有关。确定葡萄酒的目标酸度要基于酸含量、pH 和感官特征，其中 pH 对于葡萄酒的颜色、化学稳定性和微生物稳定性具有重要影响。化学降酸量一般不超过 2 g/L。

3. 设计降酸实验

取酒样 100 mL，用 0.1 mol/L 氢氧化钠溶液调节其 pH，使之升高至目标 pH 左右，测定总酸含量。如不符合预期酸度，可继续加以调整。记录氢氧化钠的消耗量。计算与氢氧化钠相当量（理论消耗等量 H^+）的 3 种降酸剂的用量。分别称取不同降酸剂于 250 mL 烧杯中，取 100 mL 酒样，沿烧杯壁缓慢加入，并不停用力搅拌，触发并加速反应进行，释放出产生的 CO_2。待反应完全，将处理酒样全部转移至 125 mL 磨口试剂瓶中，贴好标签，混匀静置。不添加降酸剂处理的酒样作为空白对照。将碳酸钙处理酒样和对照酒样置于 4～6℃冰箱中，而对碳酸氢钾和酒石酸钾处理酒样进行低温冷处理。静置 24 h 后，取酒样上清液，对不同降酸处理进行效果评价。每个处理重复 3 次。

4. 评价不同降酸剂的降酸效果

碳酸钙降酸处理存在 Ca^{2+} 不稳定的风险，但 pH 变化较小，一般适用于酸度调节范围较大的酒样；K^+ 在葡萄酒中是天然存在的，因此使用碳酸氢钾可以适当避免引入杂质离子的风险，但在有效降低酸度的同时可能会过量升高 pH。而酒石酸钾成本较高，且降酸不是很有效。实际反应中会出现酒石酸不能立即分解、沉淀不完全等问题，且对葡萄酒的颜色、香气、口感及产品后续稳定性的影响也尚不清楚。因此不同降酸剂的降酸效果需要根据实验结果进行评价，如表 3-1 所示。筛选最佳降酸剂，根据降酸效果，考虑是否有必要补充降酸剂浓度梯度添加实验。

表 3-1 碳酸钙、碳酸氢钾和酒石酸钾的降酸效果比较

降酸剂	处理编号	用量	总酸	pH	理论降酸量	实际降酸量	理论与实际差异	酒样颜色、香气及口感评价
对照	无							
碳酸钙	1-1							
碳酸氢钾	1-1							
酒石酸钾	1-1							
……								

5. 葡萄酒生产降酸工艺

选择最佳降酸处理，准确计算并称量降酸剂。在降酸剂中加入 3 倍体积左右的待降酸葡萄酒，搅拌触发反应，待反应完全，将处理酒样加入原酒样中。降酸剂可分多次反应加入，可进行封闭式倒罐，以使降酸剂分布均匀，注意罐顶部要为反应产生气体留出足够空间。降酸处理使酒样缓慢产生沉淀，需要静置一周，然后用真空过滤机等过滤酒样。最后对成品酒样进行整体质量评价。

六、结果讨论

认真记录实验结果，分析实验现象，并做必要的数据统计处理。结果分析与讨论建议从以下几点展开。

1. 实验的可操作性

分析总结实验操作过程中可能出现的问题及其对结果的影响，如何避免这些问题，阐明实验注意事项。

2. 实际降酸量

比较不同的降酸剂对酒样酸度和 pH 的变化的影响，计算将 pH 升高单位值需要的降酸剂的量。

3. 感官品评

组织小组成员对处理后酒样的外观、香气、口感、整体质量等感官特征进行评分，并做描述记录。筛选出最佳降酸剂。对于酒样颜色，讨论是否采用其他衡量指标，如 CIELab 参数、色调、色度等。

4. 最佳降酸处理

根据实验结果，考虑是否有必要补充降酸剂的浓度梯度添加实验，以获得理想的降酸效果。如需要，请设计实验方案。

七、总结与展望

根据实验结果的分析讨论，撰写实验报告，详述操作规范。根据已有实验操作及其结果，展望下次同类实验或研发工作的必要处理措施，如①对实验流程或降酸工艺的进一步改进或完善；②查阅相关资料，提出新思路、新方法。

八、思考题

（1）降酸剂是否完全反应？会不会造成葡萄酒贮运期间出现不稳定？如何解决这一问题？

（2）除化学降酸外，还有哪些方法可以降低酒样的含酸量？

（3）如果葡萄原料的含酸量偏高，应在什么时候，用什么方法来调整？

实验二　下　胶　实　验

一、目的意义

（1）理解葡萄酒下胶澄清的原理及其必要性；

（2）掌握葡萄酒化学下胶的计算方法；

（3）熟练掌握葡萄酒下胶处理的工艺操作。

二、基础理论

葡萄酒是一类含有色素、多酚、水和酒精的混合溶液，在葡萄酒的贮运过程中，光照、温度、震动、氧化还原状态等因素的大幅变化也会引起大分子的聚集，或者金属离子参与下的大分子聚集，形成沉淀或浑浊，从而影响葡萄酒的感官质量。为了防止葡萄酒在装瓶后出现浑浊或沉淀，需要在葡萄酒装瓶前至少半年内进行稳定性实验，包括热稳定、冷稳定、抗氧化、微生物稳定、铁铜稳定等实验。而后根据实验结果，选择下胶处理措施，目的是去除在葡萄酒澄清状态下过多的色素、多酚、蛋白质、铁铜离子等不稳定性物质。

下胶，是在葡萄酒中加入亲水性胶体，使之与葡萄酒中的胶体物质（如单宁、蛋白质、色素、果胶质等）发生絮凝反应形成沉淀，使葡萄酒变得澄清、稳定。

下胶作用的原理分为电荷中和原理与吸附澄清原理两类。

1. 电荷中和原理

明胶、酪蛋白、鱼胶、硅胶等亲水胶体带有正电荷，能中和葡萄酒中的单宁、果胶质等负电荷胶体，从而聚集沉淀。

（1）明胶，可吸附葡萄酒中的单宁和色素，因此不但可以澄清，减少葡萄酒的粗糙感，而且可以部分脱色。明胶的用量范围为 15~300 mg/L。

（2）酪蛋白，为白葡萄酒最好的下胶材料，澄清用量为 150~300 mg/L，脱色用量为 500~1000 mg/L。

（3）蛋清粉，为红葡萄酒常用的下胶材料，可以改善红葡萄酒的粗糙感，维持醇厚感，用量在 100 mg/L 左右。

2. 吸附澄清原理

下胶材料在水中膨胀，形成多孔的大表面积胶体，吸附葡萄汁或葡萄酒中的过多的蛋白质、多酚物质等，聚集形成沉淀。

（1）膨润土，又称皂土，在水中膨胀，吸附葡萄汁或葡萄酒中的蛋白类胶体和悬浮颗粒，一般用量为 0.5~2.0 g/L。

（2）有机多聚物，如聚乙烯吡咯烷酮（PVPP）、多聚甘氨酸、聚酰胺等，它们分子上的羰基能够吸附寡聚多酚，如儿茶酸、黄酮类化合物等，常用于除去白葡萄酒中过多的酚类物质，PVPP 的用量范围一般为 100~300 mg/L。

下胶材料的具体用量要根据葡萄酒样品的下胶梯度实验来确定。

三、材料与器皿

1. 材料

准备好经过完整工艺酿造的待下胶的葡萄酒样品。

2. 试剂与辅料

明胶、聚乙烯聚吡咯烷酮（PVPP）等。

3. 仪器与器皿

各种规格量筒、250 mL 烧杯、分光光度计、万分之一电子天平、直尺、浊度计、电子显微镜、玻璃棒等。

四、实验操作流程

实验操作流程如图 3-2 所示。

五、实验步骤

1. 选取下胶材料

根据实用性和经济性的原则，按照两种不同原理分别选择一种下胶材料，用来做后续下胶实验。

2. 设计下胶材料的浓度梯度

将选择的明胶和 PVPP 分别以 50 mg/L、100 mg/L、150 mg/L、200 mg/L、250 mg/L 和

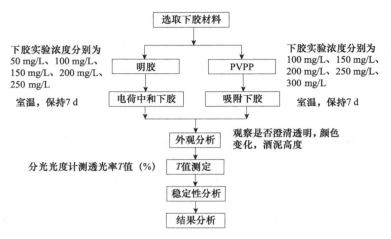

图 3-2　下胶实验操作流程图

100 mg/L、150 mg/L、200 mg/L、250 mg/L、300 mg/L 的浓度梯度进行下胶实验，对比两种原理的下胶材料的效能，找到最合适的下胶浓度。

3. 下胶实验

在室温条件下下胶 7 d，其他的条件保持一致且适宜。

4. 外观分析

对上述经过下胶实验的葡萄酒样品进行初步的外观分析，包括观察葡萄酒是否澄清透明，葡萄酒的颜色是否发生明显的变化，同时用直尺测量酒泥的高度，并且记录数据，用于后续结果分析。

5. 透光率 T 值的测定

分别取各部分实验酒样于 10 mm 比色皿中，并且以蒸馏水调节仪器至零点，于波长 430nm 处，用吸光光度计测定其透光率 T 值。

6. 稳定性分析

对经过下胶实验的酒样进行稳定性分析，并且对比各浓度下胶材料的稳定性强弱。

7. 结果分析

综合比较下胶酒样外观分析、透光率分析和稳定性分析的各项结果，从两种不同的下胶材料中选择最合适的浓度，从而使得下胶后的酒样澄清透明，颜色变化小，透光率高，且稳定性良好。

六、结果讨论

认真记录实验结果，分析实验现象，结果分析与讨论建议从以下几点展开。

1. 实验的可操作性

分析下胶实验过程中的影响因素及可能遇到的问题，优化实验操作条件。

2. 评价下胶效能

综合比较不同原理下胶材料的作用效果，如酒样澄清度、颜色变化、酒泥量、透光率、稳定性等，确定下胶材料的最适用量。考虑酒样类型和其他下胶材料的作用特点，制订最佳的下胶实验方案。

3. 稳定性分析

下胶的目的是除去葡萄酒澄清状态下过多的色素、多酚、蛋白质、铁铜离子等不稳定性物质，防止葡萄酒在装瓶后出现浑浊或沉淀，保证葡萄酒的质量。因此，对下胶处理后的澄清葡萄酒进行必要的稳定性实验，保证下胶处理的可靠性。

七、总结与展望

根据实验结果的分析讨论，撰写实验报告，详述操作规范。根据已有实验操作及其结果，展望同类实验在实际生产中的具体应用，如①总结今后研究工作或生产中该实验的应用情况，分析不同下胶材料的作用特点；②查阅相关资料，多渠道了解酒厂生产中的葡萄酒下胶处理，并做分析评价。

八、思考题

（1）下胶作用的原理是什么？
（2）为什么要测定透光率 T 值？
（3）为什么要在室温的条件下进行下胶实验？
（4）为什么要进行稳定性实验？

实验三 热稳定性实验

一、目的意义

（1）理解葡萄酒热稳定性实验的原理及其必要性；
（2）掌握葡萄酒热稳定性实验的工艺操作；
（3）学会观察葡萄酒热稳定实验的现象，并做出合理的分析。

二、基础理论

葡萄酒的热稳定性实验主要是为了检验白葡萄酒或桃红葡萄酒蛋白质破败的可能性，因为在加热条件下蛋白质分子会变性絮凝，从而形成浑浊和沉淀。一般处理 80℃ 条件下 10 min，或 70℃ 条件下 15～20 min，或 60℃ 条件下 30 min。为了提高絮凝速度和效果，也可以在热处理的同时加入 0.5 g/L 的单宁酸溶液。热处理形成的蛋白质沉淀或浑浊过滤物为黏稠状，不溶于稀盐酸，如果混有少量暗红色，则是凝结的少部分桃红葡萄酒的色素。红葡萄酒无需做热稳定性实验，因为其含有大量的单宁等多酚物质，酿造过程中形成的蛋白质早已与单宁等结合沉淀了。如果用热稳定性实验已确定葡萄酒具有蛋白质破败的危险，则葡萄酒需要做如下处理：①膨润土下胶处理；②热处理；③膨润土下胶＋热处理（只针对蛋白质含量较大的酒样）。

不同于葡萄酒样品的热稳定性实验，热处理是针对批量葡萄酒的工艺操作。热处理会加速氧化、色素的水解和酯化反应等，具有加速葡萄酒成熟的作用，适用于所有类型的葡萄酒，处理温度及其时间参考热稳定性实验。此外，热处理可以使葡萄酒中过多的铜离子与蛋白质产生浑浊，通过一次下胶澄清除去；热处理还可以形成保护性胶体，防止酒石过快结晶。值得注意的是，实际生产上热处理是一把双刃剑，酿酒师会酌情处理。为了防止葡萄酒的氧化过度，热处理必须在密闭条件下进行。热处理不可避免地会破坏葡萄酒的一些芳香物质，只有在白葡萄酒的蛋白质含量过高，膨润土处理量过大时才使用。目前，生产上酿酒师常用的热处理是热装瓶操作，即将葡萄酒加热到 45～48℃，尽快装瓶自然冷却，适合于陈酿期短的红葡萄酒、甜型葡萄酒。在装瓶时，足够的 SO_2 含量可避免处理过程中的氧化，且最好在充 N_2 或 CO_2 的条件下进行。

三、材料与器皿

1. 材料

准备好经过完整工艺酿造的、待进行热稳定性实验的白葡萄酒样品。

2. 试剂与辅料

20% 单宁水溶液等。

3. 仪器与器皿

500 mL 玻璃瓶、200 mL 烧杯、恒温水浴锅、恒温箱、浊度仪、紫外分光光度计、微孔滤膜等。

四、实验操作流程

实验操作流程如图 3-3 所示。

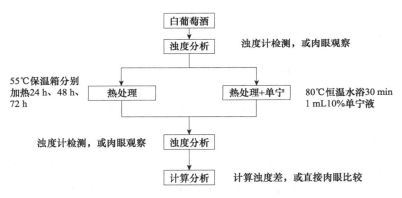

图 3-3　热稳定性实验操作流程图

五、实验步骤

1. 白葡萄酒样品

白葡萄酒样品应经过完整的酿造过程，且质量完好，没有外界或人为造成的污染。

2. 第一次浊度分析

这次浊度分析的目的是确定葡萄酒样品在常温状态下，即未经过处理的条件下的浑浊程度，根据实验室的条件可采取浊度仪检测或者肉眼观察两种方式。

3. 热处理

将葡萄酒样品装入 500 mL 玻璃瓶中，同时使瓶颈空出 15～20 mm，然后放入 55℃保温箱，分别加热 24 h、48 h、72 h。

4．热处理＋单宁

取 200 mL 烧杯，装满葡萄酒样品，加入 1 mL 10%（或 0.5 g/L）的单宁液，在 80℃水浴中加热 30 min，冷却后（24 h 后）分析观察。

5．第二次浊度分析

对上述步骤 3 和步骤 4 处理过后的葡萄酒样品再次进行浊度分析，通过浊度仪直接检测浊度或者利用黑布作为背景直接肉眼观察。

6．计算分析

浊度差：计算经过热处理后的样品与没有经过热处理的样品之间浊度的差值，如果这个差值越小，说明该样品对热越稳定。另外，可根据浊度差与需要下胶的浊度差标准值来判断是否需要对葡萄酒进行后续的处理。

肉眼比较：如果葡萄酒样品经过 24 h 热处理后失去光泽，则该葡萄酒多为蛋白质不稳定；如果在 48 h 和 72 h 浑浊沉淀，则多为酚类化合物不稳定或单宁蛋白质不稳定。如果葡萄酒样品经过热处理与单宁共处理之后出现絮凝沉淀，则表明样品具有引起瓶内蛋白质破败的过量蛋白质。

六、结果讨论

认真记录实验结果，分析实验现象，根据热稳定实验的结果判断是否对白葡萄酒样采取下胶、热处理等方式。结果分析与讨论建议从以下几点展开。

1．实验方法评价

根据热稳定原理，分析热稳定实验方法和操作，考虑能否根据酒样具体情况改进优化。

2．实验结果分析

对热稳定实验的结果进行分析讨论。

（1）采用分光光度计法检测酒样热稳定实验前后的色度和色调变化，进行结果分析与讨论；

（2）计算酒样热稳定实验前后的浊度差，并与需要下胶的浊度差标准值比较；

（3）肉眼观察描述，根据理论值或经验等，判断是否需要对酒样进行下胶或热处理，提出相应的后续处理方案。

七、总结与展望

根据实验结果的分析讨论，撰写实验报告，详述操作规范。并根据已有实验操作及其结果，展望同类实验或研发工作的必要处理措施，如①对热稳定性实验方法进行改进或完善；②查阅相关资料，对热稳定性实验的结果进行经验总结。

八、思考题

（1）加热为什么会造成白葡萄酒形成絮凝沉淀？

（2）常见下胶材料使白葡萄酒澄清的原因是什么？

（3）热稳定实验在白葡萄酒酿造的整个工艺过程中起什么作用？

（4）简述如何防止葡萄酒蛋白质破败病。

实验四　冷稳定性实验

一、目的意义

（1）理解葡萄酒冷稳定性实验的原理及其必要性；

（2）掌握葡萄酒冷稳定性实验的工艺操作；

（3）学会观察葡萄酒冷稳定实验的现象，并做出合理的分析。

二、基础理论

　　葡萄酒是一类含有色素、多酚、蛋白质、多糖、有机酸、金属离子等多种物质的酒精与水的混合体。大分子物质以胶体形式均匀分散在葡萄酒中，葡萄酒处于澄清状态，但随着贮藏时间的延长，或者其他物理条件的变化，如低温处理，一些大分子物质会产生聚合反应，形成色素、多酚、酒石、蛋白质等沉淀，造成葡萄酒出现稳定性问题，带来感官质量问题的同时，引起产品的经济损失。

　　葡萄酒的稳定性实验即是在葡萄酒灌装前进行的必要实验，以检查潜在的葡萄酒贮运期间出现浑浊沉淀的不稳定因素。冷稳定实验是将葡萄酒在低温下放置一段时间，一般在−4℃下放置7～10 d，然后观察是否有浑浊或沉淀，并检验沉淀物的属性。通常情况下，红葡萄酒的花色苷在冷处理条件下会加速聚合，也可以与单宁等形成聚合体，继而沉淀；红、白葡萄酒中的酒石酸在冷处理条件下形成酒石酸氢钾，会以酒石结晶体的形式析出。因此，冷稳定性实验或冷处理是葡萄酒装瓶前必须要做的工艺操作。实际大生产中，葡萄酒的冷处理通常是在−5～−4℃处理两周左右，或在4℃放置1～1.5个月，然后下胶、过滤、装瓶。

三、材料与器皿

1. 材料

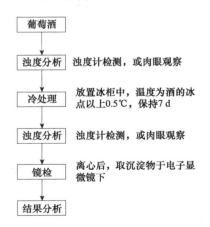

图3-4　冷稳定性实验操作流程图

　　准备好经过完整工艺酿造的、需要进行冷稳定性实验的葡萄酒样品。

2. 仪器与器皿

500 mL透明玻璃瓶、250 mL烧杯、浊度计、冰柜、电子显微镜、高速离心机、玻璃棒等。

四、实验操作流程

实验操作流程如图3-4所示。

五、实验步骤

1. 葡萄酒样品

葡萄酒样品应经过完整的酿造过程，且质量完好，没有外界或人为造成的污染。

2. 第一次浊度分析

这次浊度分析的目的是确定葡萄酒样品在常温状态下，即未经过处理的条件下的浑浊程度，根据实验室的条件可采取浊度计检测或者肉眼观察两种方式。

3. 冷处理

将葡萄酒装入无色透明的玻璃瓶中，加塞密封，然后放入温度为酒的冰点以上 0.5℃的冰柜中，保持 7 d，每天观察透明度的变化情况。

4. 第二次浊度分析

对上述冷处理过后的葡萄酒样品再次进行浊度分析，通过浊度计直接检测浊度或者利用黑布作为背景直接肉眼观察透明度的变化。如果酒样仍然澄清，说明该酒在冷冻的情况下是稳定的。若浊度明显增加或者有浑浊沉淀，则说明该酒在冷冻的情况下是不稳定的。

5. 镜检

取部分实验酒样于高速离心机中进行离心分离，然后将沉淀置于电子显微镜下进行检查，分析沉淀的形态、颜色等特性。

6. 结果分析

若有结晶析出即为酒石结晶；若为絮状沉淀，则多有蛋白质或胶体沉淀；若沉淀物带有色泽，则为单宁色素或单宁蛋白质沉淀物。

六、结果讨论

认真记录实验结果，分析实验现象，并根据冷稳定实验的现象判断该批葡萄酒是否需要进行冷处理后再装瓶。结果分析与讨论建议从以下几点展开。

1. 冷稳定性实验条件

讨论如何根据实际情况和酒样状况选择最佳的冷处理温度和时间。

2. 实验结果分析

分析可能出现的浑浊沉淀现象及形成原因，考虑是否对酒样进行冷处理工艺。

（1）"减法"过程的冷冻处理工艺：将葡萄酒的温度降至接近冰点，即−5～−4℃，保持几天或 1～2 周的时间，然后保温过滤去除析出的晶体或沉淀，使葡萄酒达到冷稳定状态。

（2）"加法"过程的冷冻处理工艺：利用添加剂，如偏酒石酸、甘露糖蛋白、羧甲基纤维素钠、天冬氨酸等，增加对葡萄酒酒石酸盐的保持能力，抑制酒石沉淀。

七、总结与展望

根据实验结果的分析讨论，撰写实验报告，详述操作规范。并根据已有实验操作及其结果，展望同类实验或研发工作的必要处理措施，如①总结影响葡萄酒冷稳定性的因素，分析可能出现的问题、现象和原因；②查阅资料，多渠道了解葡萄酒生产的实际情况，总结冷处理工艺的设计要点。

八、思考题

（1）冷冻处理为什么会产生沉淀析出晶体？

（2）为什么要把冷处理的温度设置在葡萄酒冰点以上 0.5℃？过高或过低有什么不好的

影响?

（3）葡萄酒的冰点怎么计算?

（4）为什么要进行冷稳定实验?

实验五　抗氧化实验

一、目的意义

（1）理解葡萄酒氧化的原理及防止氧化的必要性;

（2）熟悉判断葡萄酒易受氧化的实验方法;

（3）掌握防止葡萄酒氧化的工艺措施。

二、基础理论

葡萄酒长时间暴露在空气中，尤其是葡萄酒中游离二氧化硫（F-SO$_2$）不足的时候，易引起氧化，导致葡萄酒失光失色，产生褐变，甚至浑浊，出现乙醛等氧化味，果香减弱或散失。氧化现象是多酚氧化酶（酪氨酸酶和漆酶）催化引起的，正常成熟的葡萄原料含有酪氨酸酶，有霉变伤口的葡萄原料还含有氧化能力更强的漆酶，因此所酿的葡萄酒更易氧化。空气中的氧在氧化酶的作用下，氧化葡萄酒中的一些成分，特别是多酚物质，使白葡萄酒的颜色加深，甚至浑浊呈"牛奶咖啡"状，而红葡萄酒的颜色则变成"巧克力"色。如果葡萄酒长时间与空气接触，就会有被醋酸菌感染的风险，使葡萄酒中的乙酸和乙酸乙酯增加。醋酸菌感染的葡萄酒，轻则具有指甲油味，重则具有醋味。

白葡萄酒比红葡萄酒更易氧化，这是因为白葡萄酒含有很少的多酚物质，而多酚物质具有抗氧化性。但即使多酚物质含量高的红葡萄酒，如果 F-SO$_2$ 含量偏低，其与空气接触也会被氧化。为此，葡萄酒贮藏条件一般要求：①满罐密封，或充 N$_2$ 隔氧；②干白葡萄酒 30～40 mg/L F-SO$_2$，干红葡萄酒 10～20 mg/L F-SO$_2$；③温度在 15℃左右，不要超过 20℃。因此，为了确保葡萄酒处于抗氧化状态，除了检查贮藏条件并检测 F-SO$_2$ 含量之外，还需要做抗氧化实验，作出合理判断。

三、材料与器皿

1．材料

准备好经过完整工艺酿造的、需要进行抗氧化实验的葡萄酒样品。

2．试剂与辅料

30% H$_2$O$_2$ 溶液、K$_2$S$_2$O$_5$ 等。

3．仪器与器皿

天平、药匙、量筒、玻璃棒、100 mL 烧杯、滤纸等。

四、实验操作流程

实验操作流程如图 3-5 所示。

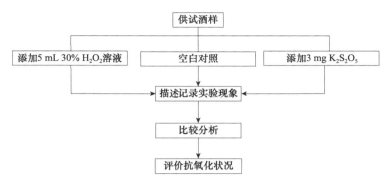

图 3-5　抗氧化实验操作流程图

五、实验步骤

1. 设计抗氧化实验

在 100 mL 烧杯中各加入 30 mL 供试酒样，一个作为空白对照，另外两个分别加入 5 mL 30% H_2O_2 溶液和 3 mg $K_2S_2O_5$。盖上滤纸，置于室温下。每天观察记录酒样的颜色、香气等方面的变化，并与初始状态进行比较，实验持续一周左右。每个处理重复两次。

2. 评价酒样的抗氧化能力

若实验组与对照组酒样均澄清，未出现浑浊，说明酒样具有较强的抗氧化能力。如果加 H_2O_2 者浑浊，另两者澄清，或对照组有轻微失光，说明该酒有一定的抗氧化能力；如果加 $K_2S_2O_5$ 者澄清或轻度失光，而对照组失光或浑浊，说明该酒对氧极不稳定。

六、结果讨论

认真记录实验结果，分析实验现象，总结实验规律。结果分析与讨论建议从以下几点展开。

1. 酒样的氧化现象

随着室温下放置时间的延长，酒样抗氧化能力不断下降。表现在香气变淡，或出现过氧化味（乙醛味），变色，酒体失光，甚至出现浑浊等。描述记录酒样外观、香气等随时间的变化，进行讨论，熟悉葡萄酒氧化现象的发生。

2. 酒样的抗氧化状况

根据实验结果合理判断酒样的抗氧化状况，并考虑是否采取相应措施，如添加 SO_2 等。

七、总结与展望

根据实验结果的分析讨论，撰写实验报告，详述操作规范。并根据已有实验操作及其结果，展望下次同类实验或研发工作的必要处理措施，如①尝试改进或完善抗氧化实验，对酒样的抗氧化能力进行准确量化和定位；②了解葡萄酒厂生产过程中涉及的防止葡萄酒氧化的工艺措施。

八、思考题

（1）在葡萄酒的生产、储存、运输等各个环节中，如何防止其被氧化？
（2）对于易被氧化的葡萄酒，可以采取哪些措施来保证其氧稳定性？

实验六　化学性破败实验

一、目的意义

（1）理解葡萄酒化学性破败的原理及预防的必要性；
（2）掌握判断葡萄酒化学性破败风险的方法；
（3）熟练掌握去除葡萄酒化学性破败风险的工艺操作。

二、基础理论

葡萄酒的化学性浑浊包括蛋白质浑浊、酒石沉淀、色素沉淀、铁破败病、铜破败病。蛋白质浑浊在热处理实验中讨论，酒石和色素沉淀在冷处理实验中讨论，这里重点说的是铁破败病和铜破败病。尽管葡萄酒还会出现铝、锡、铅、锌等其他金属盐的沉淀，但只有在极少数污染情况下才会出现，本书不做讨论。

铁破败病出现在铁含量过高的葡萄酒中，常出现在葡萄酒通风溶氧之后。一般葡萄酒中的铁含量为 2～5 mg/L，但有时因为不同的原因可高达 20～30 mg/L，国家标准（GB 15037—2006）要求葡萄酒中的铁含量≤8 mg/L。葡萄酒中的铁一般以还原状态的亚铁（Fe^{2+}）存在，氧化条件下可形成正铁（Fe^{3+}），超过 15 mg/L 的 Fe^{3+} 会与葡萄酒中其他成分结合成不溶性的物质，产生浑浊性破败。如果 Fe^{3+} 与磷酸根结合就会形成白色不溶物，呈乳状浑浊，一般出现在白葡萄酒中。Fe^{3+} 与单宁等多酚物质结合，在红葡萄酒中形成蓝色沉淀，在白葡萄酒中形成铅色沉淀。因为需要氧化条件，所以铁破败病的抑制因素有 F-SO_2 含量、低pH（<3.5）、抑制氧化酶活性等。

铜破败病在还原条件下出现，由铜含量过高引起，主要出现在瓶内，尤其是瓶装葡萄酒暴露在阳光下或较高的贮藏温度下。葡萄酒中的铜一般以二价铜离子（Cu^{2+}）存在，还原条件下形成亚铜离子（Cu^+），Cu^+ 可将 SO_2 还原成 S^{2-}，S^{2-} 与 Cu^{2+} 形成硫化铜（CuS）。CuS 在有机酸和蛋白质的作用下发生絮凝，产生棕红色浑浊和沉淀。此外，含硫的氨基酸，如半胱氨酸、甲硫氨酸和蛋白质也可与铜离子形成不溶性的复合物。铜破败需要具备 4 个条件：①一定含量的铜（1～3 mg/L）；②含有 SO_2；③含有蛋白质；④还原条件。因此，铜破败病一般只出现在白葡萄酒或桃红葡萄酒中。国家标准（GB 15037—2006）中规定葡萄酒中的铜含量<1 mg/L。

三、材料与器皿

1. 材料
准备好经过完整工艺酿造的红、白葡萄酒样品。

2. 试剂与辅料
稀 HCl 溶液、连二亚硫酸钠、单宁、酒精、酒石酸氢钾、酒石酸钙、草酸、硫氰酸盐等。

3. 仪器与器皿
250 mL 锥形瓶、玻璃棒、载玻片、盖玻片、吸水纸、恒温水浴锅、天平、显微镜、冰箱等。

四、实验操作流程

实验操作流程如图 3-6 所示。

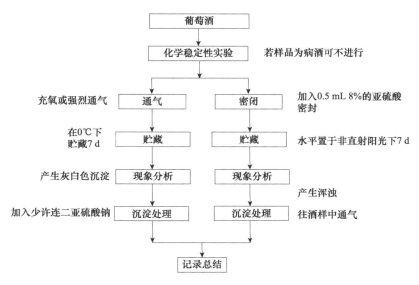

图 3-6 化学性破败实验操作流程图

五、实验步骤

1. 葡萄酒样品

葡萄酒应是经过完整的酿造过程且需要进行化学性破败实验的样品。

2. 化学稳定性实验

若葡萄酒样品已经能够从外在表现明显分辨已经发生了破败病，则无需通过化学稳定性实验来验证该葡萄酒是否具有化学破败的稳定性，而是直接通过对沉淀进行处理，从而判断发生了哪种破败病。若葡萄酒样品完好，则需进行化学稳定性实验，具体实验要求如下。

铁稳定性实验：对葡萄酒样品进行通气或者充氧，使其处于氧化条件下，然后在 0℃ 条件下贮藏 7 d，再通过实验现象进行判断，得出结论。

铜稳定性实验：取一无色瓶，装满葡萄酒，加入 0.5 mL 8% 的亚硫酸，密封，水平置于非直射阳光下 7 d，然后通过实验现象进行判断，得出结论。

3. 现象分析及处理

如果在氧化条件下未产生沉淀，说明该葡萄酒具有较好的铁稳定性。如果在氧化条件下葡萄酒变为乳白色，甚至出现灰白色沉淀，且在加入少许连二亚硫酸钠后重新变为澄清状，则为铁破败。

如果在密闭条件下，且加入 0.5 mL 8% 的亚硫酸的条件下，未产生浑浊，说明葡萄酒的铜稳定性良好。反之，如果葡萄酒变浑浊，并且在通气后重新变清，则为铜破败。

4. 结果记录

对上述实验结果进行记录，并对易产生化学破败的酒样及时进行处理，降低葡萄酒中的

铁、铜含量，使葡萄酒中的铁含量≤8 mg/L，铜含量<1 mg/L。

六、结果讨论

认真记录实验结果，分析破败实验的现象并做出合理判断，考虑是否对酒样采取进一步的澄清、稳定处理。结果分析与讨论建议从以下几点展开。

1. 化学性破败实验

理解掌握葡萄酒化学性破败实验的原理和操作，能够根据实验现象准确快速鉴定破败类型。

2. 化学性破败的防治

讨论如何预防和去除葡萄酒中常见的化学性破败，可从铁、铜离子来源及反应条件等入手。

七、总结与展望

根据实验结果的分析讨论，撰写实验报告，详述操作规范。根据已有实验操作及其结果，展望同类实验在实际生产中的具体应用，如①了解酒厂生产中葡萄酒出现化学性破败的主要环节和诱因，以及解决措施等；②根据不同反应原理和现象，总结葡萄酒化学稳定性检验的方法操作，尝试对同类实验或工艺处理的步骤进行改进和优化，如同时鉴定多种病害等。

八、思考题

（1）化学性浑浊与微生物浑浊的区别是什么？如何快速鉴定？
（2）如何有效预防化学性破败？
（3）如何对存在化学性破败的葡萄酒进行处理？
（4）白葡萄酒与红葡萄酒中常见的化学性破败各有哪些？并思考原因。

实验七　葡萄酒微生物病害实验

一、目的意义

（1）了解葡萄酒微生物病害发生的主要原因；
（2）熟悉葡萄酒微生物病害防治的关键措施；
（3）掌握葡萄酒病害防治的工艺操作。

二、基础理论

葡萄酒贮藏期间微生物活动产生不良代谢产物，会影响葡萄酒感官质量与饮用安全，将其称之为微生物病害。根据对氧气的喜好程度，微生物病害一般分为好气性微生物病害和厌气性微生物病害。顾名思义，好气性微生物病害在与空气接触时发生，如在贮罐的葡萄酒表面一些酵母生成菌膜，消耗乙醇和有机酸，引起酒度和总酸的下降，造成葡萄酒一方面味淡，另一方面由于乙醛的升高而具有过氧化味，该种病害叫酒花病。酵母在酒液表面形成的菌膜常常是灰白色，逐渐加厚，出现皱褶。另外一种常见的好气性微生物病害是变酸病。这种病害是由于醋酸菌的活动，将乙醇转化为乙酸和乙醛，并形成乙酸乙酯，降低葡萄酒的酒度和色度，提高挥发酸含量，使葡萄酒具有醋味。醋酸菌感染的葡萄酒会在表面形成很轻的、不如酒花病明显的灰色薄膜，随后逐渐加厚，并带有玫瑰红色。醋酸菌形成的膜，不像酵母形成的膜那样可以用玻璃棒挑起，但可以沉入酒中，形成黏稠的物体，俗称"醋母"。与好气性微生物病害相反，厌气性微生物病害在还原条件下发生，其病原微生物虽然不消耗乙醇，但分解葡萄酒中的其他成分，如残糖、甘油、有机酸等。在厌氧条件下，酵母会分解残糖，引起瓶内再发酵，不同种类的酵母引起的风味变化不一样；而乳酸菌会代谢残糖、酒石酸、甘油等，形成不良的风味变化。

微生物病害的防重于治，一旦葡萄酒感染微生物病害，即使再进行灭菌、澄清等处理，也已无法挽回原有的风味质量。因此，在葡萄酒贮藏期间，首先，要满罐密封贮藏，隔绝空气；其次，正确使用二氧化硫，保证合理的 F-SO$_2$ 含量，抑制微生物的活动；再次，保证葡萄酒贮藏条件下的卫生状况，避免微生物感染；最后，确保贮藏环境的适宜，包括温度、湿度、空气流通等条件。

三、材料与器皿

1. 材料
准备好经完整工艺酿造的葡萄酒样品。

2. 试剂与辅料
氢氧化钠溶液、酚酞试剂等。

3. 仪器与器皿
500 mL 锥形瓶、烧杯、酒精计、酒精灯、电炉、挥发酸装置、分光光度计、电子显微镜、恒温箱、玻璃棒等。

四、实验操作流程

实验操作流程如图 3-7 所示。

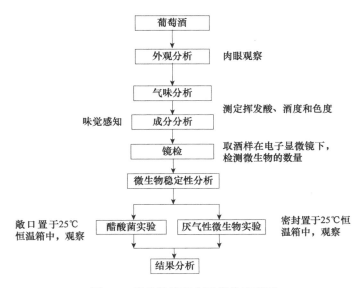

图 3-7　微生物病害实验操作流程图

五、实验步骤

1. 葡萄酒样品

葡萄酒样品应经过完整的酿造过程,且质量完好,没有外界或人为造成的污染。

2. 外观分析

观察葡萄酒样品的透明度,颜色是否发生明显变化,酒样表面是否产生菌膜,若产生则根据菌膜的颜色、状态、厚度等物理特征初步判断微生物病害的种类。

3. 气味分析

通过感知葡萄酒样品的气味,看是否产生异杂气味,如过氧化味、醋味等,从而判断是否产生微生物病害,以及有可能产生的微生物病害类型。

4. 成分分析

对上述初步分析后的葡萄酒样品进行成分分析,用水蒸气蒸馏法测挥发酸浓度,用酒精计测酒度,用分光光度计测色度。挥发酸一般不超过 0.7 g/L,若超过 0.8 g/L,表明可能已经开始败坏。若酒度和色度明显低于正常值,也表明已经发生了破败。

5. 镜检

将葡萄酒酒样在显微镜下进行观察,统计其数量。对于瓶装的葡萄酒,相关标准要求大肠菌群不超过 3 个/mL,细菌总数不超过 50 个/mL。

6. 微生物稳定性分析

醋酸菌实验:使用小瓶盛装一半的葡萄酒,在 25℃温箱中敞口放置。若 2 d 内表面产生菌膜,那么表明其对微生物的抵抗性低;若 5~6 d 内没有产生菌膜,那么说明其易于贮藏。

厌气性微生物实验:在瓶中装满葡萄酒,密封处理,在 25℃温箱中放置。3~4 周后进行总酸含量与挥发性酸含量的测定。若总酸下降,挥发酸升高,则表明其对微生物的抵抗性低。

7. 结果分析

综合以上分析结果,判断酒样是否发生了微生物破败,如果发生了,根据其实验现象判断产生了哪一种微生物破败病,并及时进行处理。

六、结果讨论

认真记录实验结果,分析实验现象,得出正确结论,并提出处理措施。结果分析与讨论建议从以下几点展开。

1. 微生物稳定性实验

掌握实验原理,尝试根据微生物特性改进或完善实验条件,对酒样微生物稳定性做出更准确全面的判断。

2. 葡萄酒微生物病害

总结常见微生物病害的现象特征,病害原理,葡萄酒的风味质量变化,包括外观、气味、口感、挥发酸、酒度、微生物数量等,能够准确鉴定病害类型,并及时进行处理。

3. 预防措施

微生物病害一旦发生,葡萄酒的风味一定会受到影响。正确理解葡萄酒微生物病害的防治应以预防为主,抑制病原菌,并在可能的范围内控制发病条件。实际生产中的具体预防措施如下。

（1）保证酒厂环境的洁净，及时清洗酿酒设备、容器，采取适当的方法灭菌；

（2）保证原料质量，原料分拣，除去发生霉变的材料；

（3）确保酒精发酵和苹果酸-乳酸的顺利开展，若发酵过程意外终止，葡萄汁（酒）很容易受到其他杂菌感染；

（4）发酵完成后，及时进行足量二氧化硫处理，抑制潜在的病害微生物；

（5）陈酿期间，满罐密封，保持葡萄酒中一定量的游离二氧化硫；

（6）根据微生物稳定性实验结果，合理进行人工澄清，或者采取巴氏杀菌。

七、总结与展望

根据实验结果的分析讨论，撰写实验报告，详述操作规范。根据已有实验操作及其结果，展望同类实验在实际生产中的具体应用，如①分析从原料采收、发酵、陈酿、灌装、贮运等全过程中容易发生微生物病害的环节；②总结葡萄酒厂防治葡萄酒微生物病害的工艺操作和关键措施；③总结本实验及其结果对葡萄酒微生物及其应用研究的潜在意义。

八、思考题

（1）常见产生葡萄酒微生物病害的微生物有哪些？

（2）在防止葡萄酒微生物病害的过程中应该做哪些工艺要求？

（3）为什么要在25℃恒温箱进行微生物稳定性实验？

（4）本实验的目的和意义是什么？

实验八　葡萄酒的过滤与灌装

一、目的意义

（1）熟悉各种过滤机的原理和操作要领，以及过滤操作的注意事项；

（2）掌握葡萄酒机械化灌装的质量控制点；

（3）熟练掌握手工灌装的技术要领，注意质量防控。

二、基础理论

灌装的葡萄酒必须澄清，而且必须稳定。因此，在葡萄酒灌装前至少三个月进行稳定性实验，检查影响葡萄酒质量稳定的因素，通过下胶、降酸、二氧化硫处理等方法去除不稳定因素，然后进行葡萄酒的过滤澄清处理，个别小批量生产的陈酿型红酒可以免滤。

葡萄酒的澄清处理，首先是贮藏初期的自然澄清处理，即转罐或者换桶，其次是添加化学澄清剂的下胶处理，最后是机械的过滤处理。葡萄酒的过滤遵循以下几个原则：①逐级过滤的原则，即先粗后细再除菌过滤，避免损坏过滤设备，影响过滤效率；②防止氧化的原则，避免与空气长时间接触，增加葡萄酒氧化的风险；③过滤介质是惰性材料，避免金属或化学性的物质融入，影响葡萄酒的质量和安全。根据过滤原理，过滤分为吸附过滤、筛析过

滤和筛析 - 吸附过滤。

层积过滤机是典型的吸附过滤，过滤面由孔目较大的物质构成，主要有棉布、不锈钢丝网或尼龙网等，使用前应将过滤介质与少部分葡萄酒混匀，均匀输送到过滤机中，使之层积在过滤面上，形成过滤层。市售的过滤介质主要是硅藻土产品，有粗细之分。

板框过滤机有三种常见的类型：①以不锈钢纱网、塑料纤维网为过滤板的，是典型的筛析过滤；②以石棉、纸浆、硅藻土、棉绒纤维或合成纤维等制成的纸板为过滤板的，兼有筛析和吸附功能，市售纸板有粗滤板、精滤板和除菌板不同型号；③将以纸浆、硅藻土、珍珠岩和在微酸性环境下带正电荷的黏合剂制成的纸板折叠，设计成滤芯 / 滤筒，装在密闭不锈钢柱筒内过滤，因为可吸附带负电荷的胶体、微生物等，所以是筛析 - 吸附过滤，根据体型又称之为滤筒 / 滤芯式过滤机，市售的这类过滤机体积小，过滤面大，无通风现象，但过滤效率受限。

膜过滤机的工作原理是筛析过滤，过滤膜是纤维素酯或其他聚合物膜，主要用于装瓶前的除菌过滤，膜过滤机外壳一般为不锈钢，密封性良好，市售过滤膜厚度一般为 150 μm，孔隙率可达 80%，孔目直径有 1.20 μm（过滤酵母）和 0.65 μm（过滤细菌）两种类型，具有较强的机械抗性和抗热能力，工作压力为 0.3～0.5 MPa。

此外，还有错流过滤机，其工作原理是过滤液体沿着与过滤面平行的方向运动，达到过滤的目的，故而又称切面过滤，其过滤条件一般为室温下流速 5 m/s，压力 0.5～1.0 MPa，因其过滤面孔径更小，因此可达到微滤目的，但对于大批量的过滤需要更大的过滤面和更长的过滤时间。

灌装系统包括上瓶机、洗瓶机、灌装机、打塞机、烘干机、封胶帽机、贴标机、装箱机等几个部分。在实验室条件下，灌装机和打塞机常常是半自动设备，洗瓶、封胶帽、贴标、装箱等需要手动进行。准备的葡萄酒瓶需按要求洗净消毒。比较常见的灌装是等压灌装和负压灌装两种类型，其中等压灌装是借助贮酒槽和酒瓶之间的势能差，通过虹吸作用来实现灌装，而负压灌装是现将瓶内抽成真空，从而负压导致酒液流入瓶内。瓶装葡萄酒通常用软木塞封口，目前市售的软木塞有自然木塞、填充塞、黏合塞、化学聚合塞、金属螺旋盖等，为了防止木塞破损、打褶、出现微生物破败等质量问题，需要做木塞检验和打塞实验，以确保瓶装葡萄酒的质量和安全。

三、材料与器皿

1. 材料

准备好已经完整工艺酿造的葡萄酒样品。

2. 试剂与辅料

下胶材料（明胶、酪蛋白、膨润土或 PVPP），降酸剂（碳酸钙、碳酸氢钾或酒石酸钾），SO_2，无菌水等。

3. 仪器与器皿

板框式过滤机、除菌过滤机、酒瓶、木塞、打塞机、游标卡尺、烘箱、天平、显微镜、无菌过滤膜、血细胞计数板等。

四、实验操作流程

实验操作流程如图 3-8 所示。

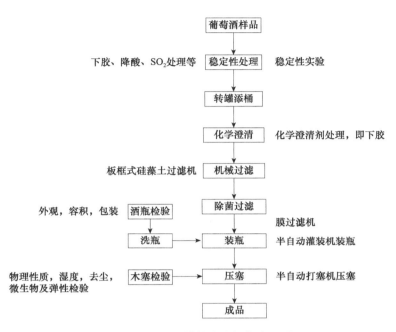

图 3-8　过滤、罐装实验操作流程图

五、实验步骤

1. 葡萄酒样品

葡萄酒样品应经过完整的酿造过程，且质量完好，没有外界或人为造成的污染。

2. 稳定性处理

在稳定性处理之前需要进行稳定性实验，而稳定性实验的时间至少在罐装前的三个月，包括冷稳定、热稳定、微生物稳定，以及化学稳定等，检查影响葡萄酒质量稳定的因素，然后通过下胶、降酸、SO_2 处理等方法去除不稳定因素，再进行葡萄酒的过滤澄清处理。

3. 转罐添桶

转罐添桶即自然澄清，包括分酒转罐和及时添桶，需要注意 SO_2 的添加。

4. 化学澄清

添加化学澄清剂，如明胶、酪蛋白、膨润土等进行下胶处理。

5. 机械过滤

板框式硅藻土过滤机过滤操作：先进行预涂层敷设（厚度：2 mm；硅藻土用量：0.5～0.7 kg/m²；操作压力：1 bar；时间：20～30 min），预涂结束后即可开始过滤。开始时，进料阀门应缓慢开启，避免过滤压力变化太大而使预涂层脱落。过滤初期，压力逐渐升高，过滤中滤液可能比较浑浊，然后慢慢变清。如发现板框之间渗漏较大，应检查是否压紧，由于滤布纤维的毛细孔作用而产生的少量渗漏是允许的。如发现滤液突然浑浊，说明滤布可能

破损，应及时更换。随着过滤时间的持续，滤饼不断增厚，阻力增大，流量减小。当流量小到一定值后，应终止过滤，进行排渣。

6. 除菌过滤

膜过滤的滤芯是由纤维和其他高分子聚合物构成的过滤膜，其过滤原理主要是筛析过滤。过滤膜的孔隙率高达 80%，膜厚约为 0.15 mm，材料孔径致密，可截留极小的细菌。滤芯具有较强的机械抗性和抗热能力，能够承受 3～5 bar 的工作压力及 80℃的灭菌温度，因此可以达到很好的除菌效果。

7. 酒瓶检验

酒瓶外观：检验酒瓶是否满足装酒适用，安放稳定，造型美观，清洗方便，贴标牢妥，使用顺手；是否周正，玻璃是否光洁、平滑，有无气泡，壁是否厚薄均一；是否容易破碎。

酒瓶的容积：20℃时要求的容积及应达到的高度。酒瓶是否无菌包装。

8. 洗瓶、装瓶

对于新买的未拆封的酒瓶，只需无菌水清洗沥干。对于回收的旧瓶，需要用 0.5% 的 SO_2 水溶液浸泡，有污渍的采用 1%～2% NaOH 水溶液冲洗，清水洗净后，0.3% 柠檬酸水溶液清洗，然后清水洗净。之后将酒瓶烘干，用半自动灌装机进行装瓶。

9. 木塞检验

（1）物理性质检验。用游标卡尺检验软木塞的以下方面，并记录。

木塞尺寸：长度 ±0.5 mm，直径 ±0.4 mm，倒角 45°。

印刷或烙印：正确、完整、清晰、油墨无气味。

塞体：涂层平整结实，色泽均匀，斑点、孔洞等缺陷符合等级要求，圆柱体无变形。

两端头：完整，沟槽缺陷小于直径的 1/3。

气味：无霉味及其他异味。

（2）湿度测定。天然塞为（6.5±1.5）%；复合塞为（6.0±2）%。

测定方法是，先将木塞称重后，将木塞在 105℃的烘箱中烘 24 h，再称重，直至两次称重的结果一致。将称重前后的重量相减，即可计算出木塞的准确湿度。

（3）木塞去尘检验。取 10 只木塞，在 200 mL 蒸馏水或蒸馏水酒精溶液（最好加点洗涤剂）中搅动清洗。将溶液过滤，待干燥后，木塞清洗前后的重量差就是其灰尘的精确量。每个木塞的灰尘量不得超过 3 mg。

检查打塞机是否会损坏木塞，酒瓶和打塞机口是否对齐。

（4）木塞的微生物检验。若干木塞在 200 mL 的无菌水中搅拌清洗 15 min。为了将皮孔中的微生物洗出，最好在水中加入洗涤剂。将洗涤液用无菌过滤膜过滤，采集过滤物在血球计数板上，显微镜下观察微生物计数。

（5）木塞的弹性。取 3 只木塞，测量其直径，然后从打塞机中经过，马上测量其直径，5 min 后、10 min 后、24 h 后再分别测量其直径，计算木塞在不同时间的回复性。

10. 压塞

先进行打塞实验：选取 20 只具有代表性的软木塞打入瓶中，注意打塞过程中木塞是否有异常的破裂、掉渣现象，其中的 2 瓶在打入塞 5 min 后用开瓶器打开，感觉木塞与瓶颈间的持着力（有条件的话，可用专门仪器检查）。将剩余的 18 瓶中的 12 瓶卧放于室温条件下，3 瓶卧放于 3～5℃环境中，另外 3 瓶卧放于 35℃左右的环境中，8 h 过后，检查是否有渗漏现象及木塞与瓶颈的持着力。如果上面质量检查良好的话，将室温条件下的 12 瓶继续保存以备更长时间的检查。根据实验结果进行压塞操作，用半自动打塞机进行压塞。

六、结果讨论

认真记录实验结果，分析实验现象，结果分析与讨论建议从以下几点展开。

1. 葡萄酒质量稳定性

分析冷稳定、热稳定、微生物稳定和化学稳定性实验的结果，并根据结果判断如何进行稳定性处理，怎样才能最经济有效地构建葡萄酒的稳定体系。

2. 葡萄酒澄清效果

进行合适的澄清处理，分析葡萄酒的澄清效果，观察记录下胶澄清实验的现象和数据。考虑有无必要检测澄清葡萄酒的透光率、色度、色调、浊度差等数据，讨论评价葡萄酒的澄清效果。了解自然澄清、化学澄清和过滤澄清的差别与联系。

3. 过滤效果

在机械过滤和除菌过滤之后，分析过滤效果，葡萄酒是否澄清，微生物的含量是否符合标准。对酒样进行感官评价，尝试分析讨论过滤前后葡萄酒感官特征变化的原因。

4. 装瓶前的操作

熟悉木塞检验、酒瓶检验等装瓶前操作，尝试掌握这些操作的原理和对罐装系统的作用。

七、总结与展望

根据实验结果的分析讨论，撰写实验报告，详述葡萄酒稳定澄清和过滤灌装的工艺流程，包括时间目的、应用特点等。并根据已有实验操作及其结果，展望同类实验在实际生产中的具体应用，如①了解葡萄酒生产过程中常用的稳定澄清工艺、过滤灌装的设备及操作特点、可能出现的问题及解决方案等；②查阅相关资料，结合实际生产，根据不同情况选择最合适的工艺操作。

八、思考题

（1）简述常见灌装机的分类。

（2）板框式硅藻土过滤机和膜过滤机的工作原理分别是什么？

（3）简述不同澄清方式的差异与联系。

（4）简述酒瓶清洗的操作。

（5）为什么要进行木塞检验？

实验九 葡萄酒感官分析实验

一、目的意义

（1）学习领会葡萄酒感官质量的评分标准；

（2）设计葡萄酒感官分析的评分表格；

（3）实践训练葡萄酒感官分析的能力技巧。

二、基础理论

葡萄酒是消费者饮用的酒精饮料，具有感官消费的嗜好性，因此葡萄酒的质量是一个主观概念，是其令消费者感到满意的感官特性的综合，是提供给消费者各种感觉的总和。一瓶优质的葡萄酒不但要满足理化指标符合国家标准，还要能给消费者带来愉悦感和特殊的感官享受。葡萄酒的感官质量的品评，一般分为四个步骤，即一看、二闻、三品尝、四定格，据此常用的葡萄酒的品评表格如表 3-2 所示，包括外观、香气、酒体结构、回味、整体印象等得分点。在品评过程中，各个项目的评分又可以被拆分，如香气囊括纯正度、强度及质量三个小项，三者分数之和即为香气一栏的评分。

表 3-2　常用葡萄酒品评表

No.	葡萄酒	外观（15分）	香气（30分）	酒体结构（30分）	回味（15分）	整体印象（10分）	总分（100分）	备注
1								
2								
…								

葡萄酒的外观，主要包括颜色、澄清度和光泽度。干红葡萄酒的外观，在杯中呈现纯正的红色色调，不应有浑浊或昏暗现象，近三年的红酒紫色调很明显，随着陈酿时间延长，紫色调慢慢褪去，砖红色调加深。由于酒杯的凸面结构，酒杯倾斜 45° 可见液面从外圈到中心的透光率逐渐加深，如果全部通透，是轻酒体红酒，如果全部不通透，是重酒体红酒，介于两者之间的是中等酒体。酒体边缘往内颜色逐渐加深，其渐变色的宽度越宽，酒体可能越松散，反之，越紧致。细心观察，在酒液与杯壁接触的前沿，还有一段无色的"水相"，一般酸度越高的葡萄酒，"水相"越明显。干白葡萄酒的外观，在品评杯中的正色是禾秆黄色或稻草黄，在杯中也会有以上颜色的变化特征，只是不明显而已。陈年的干白葡萄酒，或者受氧化的干白，颜色加深成深黄色或金黄色，而金黄色常常是甜白葡萄酒的正色。

葡萄酒的香气，可以体现葡萄酒的特色与风格，一款具有特征香气的葡萄酒往往会带给消费者意想不到的惊喜。1987 年 Ann C. Noble 教授在市场调查的基础上提出葡萄酒香气轮谱（wine aroma wheel），如图 3-9 所示，其理论包含 12 个大类、29 个小类、94 种香气特征。在随后的葡萄酒生产和产品市场推广过程中，葡萄酒香气轮谱有力地指导了酿酒师的新产品研发和营销人员的产品推介，并且葡萄酒的"酒鼻子"标准香气产品也应运而生。事实上，葡萄酒的香气主要来源于浆果原料、发酵和陈酿工艺三个部分。优质成熟原料酿造的葡萄酒具有优雅的果香和花香，每个品种都具有其独特的香气特征。不成熟的，甚至有缺陷的原料酿成的葡萄酒具有生青味，甚至其他霉腐味。发酵香气是发酵过程中产生的，纯正的酒精发酵产生醇香的同时，还会有细腻的果香，反之，酒精发酵温度过高或有中断，葡萄酒的杂醇味较重，严重影响葡萄酒果香的感知；此外，苹果酸 - 乳酸发酵会给葡萄酒带来乳香特征。对于陈酿香气，一方面，橡木桶贮藏会给葡萄酒增加烘烤、作料类的香气；另一方面，必要的罐贮和瓶贮，可以消耗部分溶解氧，让葡萄酒香气更为协调。

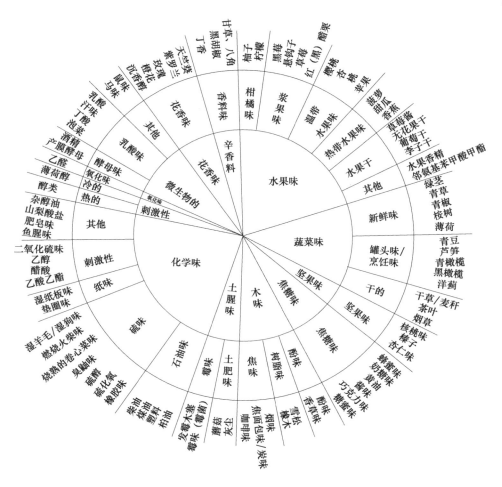

图 3-9 葡萄酒的香气轮谱（译自 Noble et al.，1987）

　　葡萄酒的味感，跟其酒体相关，干红葡萄酒的酒体主要由酸、涩和醇三部分构成，三部分平衡才能形成适口的酒体，如图 3-10 所示。目前常见的干红葡萄酒产品属于中等酒体，即味感描述语为舒顺、协调、流畅等，清爽的酸感、饱满的涩感、圆润的酒度；一些重酒体的酒，味感可描述为粗犷、强壮、强劲等，即高酸、高单宁、高酒度，形成平衡的大酒体。轻酒体的红酒，在口腔内常常让人感觉乏味，可描述为淡薄、柔弱、瘦弱等，为了增加其适口性，这类产品常常需要增加其酸度和果香，成为顺口流畅型的色深的桃红葡萄酒产品。干白葡萄酒或者桃红葡萄酒，风味平衡图如图 3-11 所示，因为其单宁等多酚物质含量很低，香气可代替涩感作为风味三角形的一角。优质的干白葡萄酒或桃红葡萄酒常常具有清新、馥郁、爽利的风味整体感觉，很难想象此类产品若没有清新、优雅的香气会是什么样的饮用感觉。

三、材料与器皿

1. 材料
品尝实验所需的各类酒样。

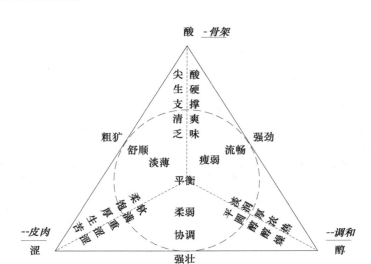

图 3-10　干红葡萄酒味感平衡图

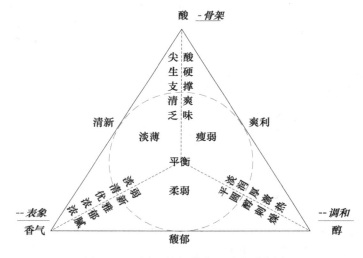

图 3-11　干白/桃红葡萄酒风味平衡图

2. 仪器与器皿

标准品尝酒杯、开瓶器、品评表等。

四、实验操作流程

根据不同的品尝目的，需要采用不同的品尝方法，本实验以常作为鉴别分析的三角品尝为例，即每轮品尝实验前准备三杯酒样，标号为 A、B、C，其中两杯完全相同，另一杯与二者不同。实验流程如图 3-12 所示。

五、实验操作要点

1. 酒样准备

每轮三角品尝有三杯样品，分别标号 A、B、C。其中两杯完全相同，另一杯与二者不同（对照酒样）。

2. 品尝次序

三角品尝实质为三个样品的三次两两品尝，而且为双向比较。首先，依次品尝 A 与 B，确定二者是否有差异；其次，依次品尝 B 与 C，确定二者是否有差异；最后，依次品尝 C 与 A，确定二者是否有差异。由此来确定相同的两杯酒，以及与二者不同的那杯酒。

3. 品尝方法

单个样品的品尝要遵循一看、二闻、三品尝、四定格的步骤进行。

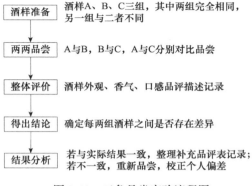

图 3-12 三角品尝实验流程图

1）外观分析（看） 观察酒液是否存在失光、浑浊、沉淀等现象，记录酒液的透明度、颜色及深浅度、酒柱状态等。

2）香气分析（闻）

（1）第一次闻香：在静止状态下分析葡萄酒的香气，由于只闻到挥发性最强的一部分香气，因此不能作为评价的主要依据。

（2）第二次闻香：在第一次闻香后，摇动酒杯，使葡萄酒呈圆周运动，促使挥发性物质的释放，再进行闻香。此次闻香又分为前后两个阶段：第一阶段为破坏静止状态后立即闻香，第二阶段为摇动结束后闻香，后者香气最为优雅浓郁。

（3）第三次闻香：主要用于鉴定香气中的缺陷。闻香前使劲摇动酒杯，使葡萄酒剧烈转动；可以用一只手掌覆盖住杯口，另一只手上下猛烈摇动后进行闻香，这样可以加强不愉快气味的释放。

在完成上述步骤后，应记录所感觉到的气味的种类、持续性和浓度，并努力鉴别所闻到的气味。在记录、描述葡萄酒香气的种类时，应注意区分不同类型的香气，即一类香气、二类香气和三类香气。

3）口感分析（尝） 应避免葡萄酒依靠重力流入口中，而是轻轻向口中吸气，并控制吸入的酒量。当葡萄酒进入口腔后，闭上双唇，头微向前倾，利用舌头和面部肌肉的运动，搅动葡萄酒；也可将口微张，轻轻向内吸气。这样不仅可防止葡萄酒从口中流出，还可使香气进入鼻腔后部。在口感分析即将结束时，最好咽下少量葡萄酒，将其余部分吐出，以鉴别尾味。

4. 品尝记录

在三角品尝中，描述词是区分酒样的关键，因此仅仅为酒的外观、香气等项目打分是不够的。通过仔细分析、描述及对比，才能得出最为准确的答案。因此记录表要翔实、客观。

六、结果讨论

认真记录实验结果，做好详细的品评描述记录。结果分析与讨论建议从以下几点展开。

1. 结果分析

公布对照酒样编号后，与自己的判断进行比对。若结果与品尝组结果一致，对自己的感官描述记录进行整理补充；若不一致，重新品尝，并校正自己的感觉偏差。

2. 记录补充

通过实验课交流补充、优化品尝表中的描述与评价。

3. 总结规律

对样品酒的相关信息做记录，如酒度、年份、葡萄品种等，并与品尝结果进行关联分析，总结这些信息与酒样的感官特性之间的规律。

七、总结与展望

根据实验结果的分析讨论，撰写实验报告，详述葡萄酒品尝的流程规范和描述记录。根据已有实验操作及其结果，展望同类实验在实际生产中的具体应用，如①根据不同的目的（市场调研、评级评优、工艺优化等）选取最切实可行的品尝方法；②探索如何将品尝与生产、贮运、销售等各个环节紧密结合起来。

八、思考题

（1）简述葡萄酒感官分析的步骤及注意事项。

（2）葡萄酒感官分析常用的方法有哪些？具体的区别是什么？

（3）如何综合评价一款葡萄酒的质量？

实验一 干白葡萄酒酿造

一、目的意义

（1）熟悉干白葡萄酒酿造过程中主要工艺环节的实际操作；
（2）掌握影响干白葡萄酒风味质量的关键操作工艺；
（3）领会干白葡萄酒产品开发的主要设计要点。

二、基础理论

白葡萄酒是用白葡萄汁经过酒精发酵后获得的酒精饮料，干白葡萄酒的残糖一般低于 2 g/L。葡萄除梗破碎取汁后澄清处理，添加酵母启动酒精发酵，因此干白葡萄酒呈禾秆黄色或稻草黄色。在发酵过程中不存在葡萄汁对葡萄固体部分的浸渍现象，发酵温度通常控制在 18～20℃，酵母的酒精转化率高，杂醇含量低，所以干白葡萄酒的香气以葡萄品种香气为主，带有些许清新的发酵醇香。因为酚类物质含量较低，需要保持足够高的有机酸赋予其清爽宜人的口感，干白葡萄酒一般不进行苹果酸 - 乳酸发酵，也不进行橡木桶陈酿，除个别多酚含量较高、酒体厚重的干白葡萄酒外，如霞多丽干白葡萄酒。

优质的干白葡萄酒对原料的要求很高，要求原料成熟度良好，含糖量为 200 g/L 左右，含酸量为 6～9 g/L，原料卫生状况良好，无破损霉变现象。用于酿造白葡萄酒的优良葡萄品种有：霞多丽（Chardonnay）、贵人香（Italian Riesling）、长相思（Sauvignon Blanc）、雷司令（Riesling）、赛美蓉（Semillon）等。值得注意的是，一些红皮白汁的红色葡萄品种也适合酿造白葡萄酒，如黑比诺（Pinot Noir）。有些葡萄品种，果皮里含有丰富的结合态香气前体物质，常常需要在发酵前通过冷浸渍工艺提高汁中的香气物质前体，以保证在发酵过程中释放出游离态香气成分，提高干白葡萄酒的果香馥郁度。

干白葡萄酒酿造过程中防止氧化是至关重要的工艺要求。酿造过程中葡萄汁中的少量多酚在多酚氧化酶的催化下，迅速氧化褐变，这一过程多酚酶促褐变的反应受酶活、温度及多酚底物的影响很大，因此低温条件下快速取汁澄清是重要的工艺技术环节，添加二氧化硫抑制氧化酶的活性也能防止氧化。白葡萄酒中酚类物质含量过多，会严重影响葡萄酒的颜色、香气、口感及稳定性，任何提高白葡萄汁和葡萄酒中酚类物质含量的工艺措施都不利于干白葡萄酒的质量和稳定性。如果葡萄原料破损霉变，会造成氧催化活性更强的漆酶的产生，因此保证原料卫生状况良好很重要。酒精发酵过程中二氧化碳的持续产生，暂时将多酚与氧气隔绝，但发酵结束以后干白葡萄酒需要立即转罐，满罐密封贮藏，及时调整游离二氧化硫（F-SO$_2$）为 30～40 mg/L，低温贮藏，并且之后每次处理，均需要重复上述操作。

在干白葡萄酒贮藏期间，除了氧化，常见的不稳定因素是酒石沉淀和蛋白质破败。因为有机酸（尤其是酒石酸）含量较高，酒石（酒石酸氢钾）很容易形成白色结晶沉淀，常用冷冻处理析出部分酒石，消除酒石不稳定的隐患。蛋白质破败常用单宁-加热法检验，即加入少许单宁在加热 80℃条件下诱导蛋白质变性沉淀。

三、材料与器皿

1. 材料

成熟、卫生的白色酿酒葡萄原料几十到几百千克（根据实践教学的需求量定），葡萄品种如霞多丽、黑比诺、长相思、雷司令等。

2. 试剂与辅料

果胶酶、膨润土、聚乙烯聚吡咯烷酮（PVPP）、亚硫酸水溶液（6% SO_2 含量）、白砂糖、降酸剂［碳酸钙（$CaCO_3$）、碳酸氢钾（$KHCO_3$）和酒石酸钾粉末］、商业活性干酵母粉、斐林试剂（A 液、B 液）、NaOH、碘液、柠檬酸、高锰酸钾、过氧化氢水溶液等。

3. 仪器与器皿

玻璃瓶（20 L、10 L、5 L 规格，广口瓶发酵用，细口瓶贮藏用，可用 100～200 L 控温不锈钢发酵罐代替）、塑料桶、制冰机、小型除梗破碎机、小型气囊压榨机、小型硅藻土过滤机或板框过滤机、真空泵、纱布、虹吸管、澄清板、除菌板、小型膜过滤机、半自动灌装机、手动打塞机、半自动打塞机等。

酸式滴定管、碱式滴定管、铁架台、挥发酸测定装置、F-SO_2 和 T-SO_2 测定装置、酒度测定装置等。

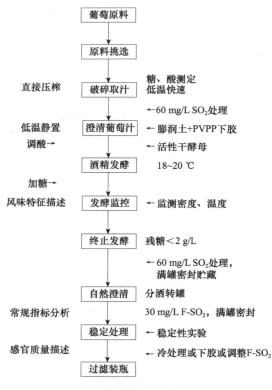

图 4-1　干白葡萄酒酿造工艺流程图

四、实验操作流程

实验操作流程如图 4-1 所示。

五、实验步骤

1. 容器准备

玻璃容器、不锈钢罐、管道弯头等均需要清水冲洗，对于酒石、色素等沉积物或污渍，可用 1%～2% NaOH 水溶液冲洗，清水洗净后，0.3% 柠檬酸水溶液清洗，然后清水洗净。如需消毒灭菌，一般采用 1%～2% SO_2 水溶液冲洗，或 0.5% SO_2 水溶液浸泡，也可用高锰酸钾 2%～5% 水溶液冲洗或 0.1% 水溶液浸泡，1% 过氧化氢水溶液可用于对器皿、用具等和操作者的手进行消毒。

2. 原料挑选

葡萄原料要求成熟、卫生，手工挑选去除病果、虫果、裂果、畸形果及生青果，必要时可以手工粒选葡萄原料。

3. 破碎取汁

原料量大的情况下采用除梗破碎机除梗破碎，然后气囊压榨机取汁，低温快速处理，勿碾碎果皮、撕烂果皮、压碎种子，降低杂质（葡萄汁中悬浮物）的含量。一般葡萄自流汁在45%左右，一次压榨汁20%，二次压榨汁5%，二次压榨汁所酿酒酒体粗糙发涩，常单独存放。原料量小的情况下采用手工除梗破碎取汁，采用纱布挤压取汁。取汁结束，迅速测定葡萄汁含糖量、含酸量、密度和温度，确定是否需要调整糖、酸含量。

目前该技术环节的趋势是葡萄果穗直接带梗压榨，常用气囊压榨机进行，可使果汁易于流出，减少葡萄汁中悬浮物含量，且缩短破碎取汁的时间。

4. 冷浸工艺

为了将存在于果皮中的芳香物质前体浸提出来，常采用冷浸渍工艺，即在低温下对葡萄果皮进行浸渍，加大芳香物质前体进入汁中，同时防止过多的酚类物质的溶解。方法是，尽快将破碎后的原料温度降到5℃左右浸渍6～24 h，时间长短根据原料不同而定。

注意：浸渍中可以考虑果胶酶处理，但使用不当会降低葡萄汁的质量。

5. 二氧化硫处理

二氧化硫（SO_2）处理是为了抑制氧化酶活性，防止氧化褐变，同时抑制来源于葡萄原料的杂菌活动。常用二氧化硫饱和水溶液，即亚硫酸溶液（6% SO_2 含量）。一般在取汁的同时，迅速加入 60 mg/L SO_2，并将葡萄汁温度降至10℃以下。

6. 澄清处理

常用膨润土作为澄清剂，一般在葡萄汁中加入0.5～1.0 g/L 活化好的膨润土。实践表明，采用50～200 mg/L PVPP 配合膨润土下胶澄清效果更好。一般葡萄汁的酸度高于9 g/L（酒石酸计）就要考虑降酸处理，常用碳酸氢钾或碳酸钙粉末降酸至8 g/L。

注意：葡萄汁下胶澄清之前，可以考虑澄清果胶酶的使用，一般用量为20～40 mg/L。

7. 酵母干粉活化

商业活性干酵母粉，按照0.2‰计算葡萄汁发酵的用量，添加约5倍质量的水和5倍质量的葡萄汁，摇晃均匀后37℃活化培养15～30 min，等待发酵起泡。

8. 启动酒精发酵

澄清处理的葡萄汁一般10℃以下静置24～48 h，根据葡萄汁澄清状况，迅速分离清汁，转入干净的玻璃瓶或罐中，升温至15℃以上，加入上述已发酵起泡的酵母菌液，启动酒精发酵。

注意：发酵葡萄汁体积控制在玻璃瓶或罐容量的80%，否则发酵液会溢出。若葡萄汁发酵启动困难，先用少量的汁启动发酵，然后逐步扩大。

9. 发酵监控

控制发酵温度于18～20℃，每6～8 h 监测密度（ρ）、温度（T），绘制发酵曲线。预计酒度为（11.5±1）% vol，如果葡萄汁含糖量不足，可用白砂糖调整，按照17 g/L 糖生成1% vol 计算。

注意：在发酵启动后加糖，并且用葡萄汁溶解白砂糖后缓缓加入发酵汁中，不可直接往发酵汁中倒入白砂糖，以防发酵汁暴溢罐外。

10. 终止发酵

玻璃瓶中发酵，在发酵临近结束时，出现：①起泡在液面偶尔冒出，多集中在液面的瓶壁四周；②葡萄酒开始分层，上部澄清酒出现；③相对密度降至0.992～0.996。检测还原糖，当含量低于2 g/L，说明发酵至干，分离上部清酒入干净罐中，同时加入60 mg/L左右的SO_2，终止发酵，满罐密封贮藏，温度保持在15℃左右。

注意：有时发酵汁的相对密度在0.996左右，还原糖仍然大于2 g/L，可以适当通气，让酵母呼吸后恢复部分活力，迅速发酵消耗残糖。

11. 自然澄清

干白葡萄酒贮藏期间会发生自然沉降，形成酒脚，一般进行2～3次自然澄清处理，第一次澄清转罐在出酒后1个月左右，然后再过2个月进行第二次转罐，第三次根据澄清状况而定。每次转罐必须调整F-SO_2约至30 mg/L，封闭式转罐，满罐密封贮藏。

12. 稳定处理

装瓶前至少一个月进行稳定性处理，同时检测酒度、残糖、滴定酸、pH、挥发酸、T-SO_2、F-SO_2、干浸出物。首先进行稳定性实验，对于干白葡萄酒必须要验证的因素有：酒石稳定、蛋白质稳定、氧化稳定、微生物稳定；次要的验证因素有：铜稳定性、铁稳定性。酒石稳定验证采用冷处理（一般−4～−5℃）实验，蛋白质稳定验证采用单宁-加热法，氧化稳定采用氧化实验，微生物稳定采用恒温箱实验。

根据稳定性实验结果，进行相应项目的稳定处理，或冷处理，或下胶，或调整F-SO_2，然后再次进行相应的稳定性实验，确认稳定后，葡萄酒进行澄清处理。如果需要降酸处理，在此时进行。处理小批量的葡萄酒，一般进行板框过滤，选择精滤级的纸板，或者采用滤芯式过滤，有条件的也可采用离心澄清。

13. 装瓶

只有澄清稳定的葡萄酒才能装瓶。首先准备葡萄酒瓶，对于新买的未拆封的酒瓶，只需无菌水清洗沥干。对于回收的旧瓶，需要用0.5%的SO_2水溶液水浸泡，有污渍的采用1%～2% NaOH水溶液冲洗，清水洗净后，用0.3%的柠檬酸水溶液清洗，然后再用清水洗净。少量的葡萄酒，可以采用虹吸管灌装，软木塞通常采用0.5%的SO_2水溶液浸泡30 min以上，沥干后通过手动打塞机压入瓶酒，虹吸管需要清洗消毒，打塞机关键部位需用75%的医用酒精擦拭消毒。实验实践中量大的葡萄酒可用半自动灌装机灌装，半自动打塞机压塞。

注意：灌装时要注意液面高度，一般木塞底端与页面保持1 cm距离，木塞顶端稍低于瓶口。

六、结果讨论

认真记录实验结果，按照类别汇总，做表分析，做必要的数据统计，如标准差、方差分析等，必要时做图比较。结果分析与讨论建议从以下几点展开。

1. 葡萄原料成熟度状况

分析葡萄原料的出汁率、含糖量、含酸量和糖酸比等数据，展开原料成熟度的讨论，针对供试葡萄原料的成熟状况，判断是否有必要进行糖、酸调整，辅料处理等。

2. 葡萄汁澄清效果

分析葡萄汁澄清的效果，下胶澄清实验需要观察记录的数据，有无必要检测澄清葡萄汁的透光率、色度、色调等数据，展开葡萄汁澄清效果的讨论。

3．酒精发酵监控结果

分析发酵监控记录表，判断密度下降曲线是否平稳，温度是否在控制范围内，有无异常现象。发酵过程如果有加糖处理、降温处理等操作，发酵曲线会受到什么影响？如果发酵过程中记录有感官特征，如色泽、香气、口感上的感官描述，尝试分析讨论发酵过程中的感官特征变化的原因。

4．干白葡萄酒稳定性实验结果

分析干白葡萄酒的稳定性实验项目的结果，如氧化实验、单宁 - 加热实验、冷稳定实验等，判断相关结果与葡萄酒的常规理化指标有无联系，是否需要进行相应的稳定处理，如何避免不必要的处理给葡萄酒感官质量带来的负面影响。

5．干白葡萄酒感官质量描述

葡萄酒装瓶后，组织一次组内成员的葡萄酒品评会，也可邀请志愿者参加。对干白葡萄酒的色泽、香气和口感等感官特征进行打分，并做描述记录。分析讨论干白葡萄酒的感官质量特征与原料成熟状况、发酵工艺、陈酿稳定处理之间的关系。

七、总结与展望

根据实验结果的分析讨论，撰写实验报告，制订针对葡萄原料状况的干白葡萄酒生产工艺流程，并详述操作规范。并根据已有实验操作及其结果，展望下次同类实验或研发工作的必要处理措施，如①规范干白葡萄酒风味质量的关键操作工艺；②抓住干白葡萄酒产品开发的主要设计要点，做好工艺全程的技术优化。

八、思考题

（1）干白葡萄酒的葡萄原料的技术指标有哪些？
（2）简述干白葡萄酒酒精发酵的监控技术要点。
（3）干白葡萄酒在贮藏期需要注意哪些事项？
（4）在干白葡萄酒的生产过程中如何防止氧化？
（5）干白葡萄酒的感官质量特征有哪些？

实验二　干红葡萄酒酿造

一、目的意义

（1）熟悉干红葡萄酒酿造过程中主要工艺环节的实际操作；
（2）掌握影响干红葡萄酒风味质量的关键操作工艺；
（3）领会干红葡萄酒产品开发的主要设计要点。

二、基础理论

红葡萄酒是红色葡萄除梗破碎后葡萄汁与皮渣在一起浸渍发酵后获得的酒精饮料，干红葡萄酒的残糖一般低于 2 g/L。葡萄除梗破碎取汁后直接添加酵母启动酒精发酵，发酵过程中葡萄皮上的色素和多酚浸渍进入葡萄汁中，因此干红葡萄酒呈宝石红色或紫红色。为了提高发酵过程中葡萄汁浸提葡萄固体部分花色苷和多酚的强度，发酵温度高于干白葡萄酒的发酵温度，通常控制在 25～30℃，因此干红葡萄酒的杂醇含量稍高，发酵香气较为复杂。因为单宁等多酚物质含量较高，葡萄酒具有苦涩感，过多的多酚物质使得干红葡萄酒通常需要一定时间的橡木桶陈酿，以柔和单宁，获得圆润的酒体。干红葡萄酒一般进行苹果酸 - 乳酸发酵（MLF），将生硬的苹果酸转化为相对柔和的乳酸，改进风味，但对于酸较低的原料发酵的葡萄酒，可以考虑不进行苹果酸 - 乳酸发酵，保持良好的酒体平衡。

优质的干红葡萄酒对原料要求很高，要求原料成熟度良好，潜在酒度达到 12% vol，即含糖量为 220 g/L 左右，含酸量为 6～9 g/L，原料卫生状况良好，无破损霉变现象。理论上说，果皮红色的葡萄品种均可以用作酿造干红葡萄酒，但是世界上有名的酿造红葡萄酒的葡萄品种有：赤霞珠（Cabernet Sauvignon）、梅鹿辄（Merlot）、黑比诺（Pinot Noir）、西拉（Shiraz/Syrah）、品丽珠（Cabernet Franc）等。以上品种红皮白肉，另有一类品种红皮红肉，如烟 73（Yan 73）、紫北塞（Alicante Bouschet）、晚红蜜（Saperavi）等，称之为染色品种，常用作调色葡萄品种。有经验的酿酒师常常尝试两个或几个品种的混酿，以求糖、酸和多酚的协调平衡，获得风味更佳的干红葡萄酒。当然，也可以通过单品种干红葡萄酒之间的勾兑处理来获得风味更佳的葡萄酒产品，但勾兑之后需要几个月的平衡期才能使最终产品稳定。

干红葡萄酒酿造过程中围绕果皮的浸渍是关键的工艺环节。浸渍过程最直观的现象是葡萄汁颜色的加深，紫红色调越来越明显，直至红得发黑。就多酚而言，一方面要将葡萄果皮上的优质单宁浸提出来，另一方面又要尽量减少劣质单宁的浸出。因此，需要针对葡萄原料的成熟质量，优化设计浸渍工艺。简言之，在葡萄原料成熟质量优质的情况下，加大干红葡萄酒酿造过程中的浸渍，反之，减弱浸渍强度。加大浸渍强度的工艺参数有加大破碎率，添加果胶酶，提高发酵温度、皮渣淋洗强度，延长浸渍时间，甚至有的酿酒师还选择在酒精发酵后继续浸渍皮渣一段时间，达到要求后再分离皮渣。葡萄酒的酒精发酵，目前常用添加酿酒酵母干粉的方法启动，但对于成熟度很好的优质葡萄原料，葡萄果皮的果粉上已经自然筛选了多种酵母，包括酿酒酵母和非酿酒酵母（non-Saccharomyces）菌株。已有研究表明，优选菌种的混合发酵（mixed fermentation）可以增加风味物质含量，提高葡萄酒的风味复杂性，越来越多的酿酒师和研究人员开始关注干红葡萄酒的自然启动酒精发酵，以期开发促进风味的酿造新工艺。由于红葡萄醪含有更多的多酚物质，其抗氧化性高于白葡萄汁，因此干红葡萄酒的酿造过程中防氧化的压力不大，有些干红葡萄酒还需要在酿造过程中溶解一些氧气，有意降低其氧化还原电位，且 SO_2 的添加量一般也少于在干白葡萄酒酿造中的量，如 30 mg/L，或者更低。当然对于不卫生的原料或者成熟度不够的原料，溶解氧和 SO_2 的添加量另当别论。

干红葡萄酒酒精发酵结束之后，残糖降至 2 g/L 以下，酵母菌体沉降，开始自溶，发酵过程中被抑制的乳酸菌保留下来了适应葡萄酒环境的菌种，因此澄清酒转入新罐，满罐贮藏，在不添加 SO_2 抑制的情况下，可以自然启动苹果酸 - 乳酸发酵，若保留一些酒脚，会利于快速启动。当然，商业苹果酸 - 乳酸菌（酒酒球菌）干粉已经用于葡萄酒生产，酿酒师可以选择乳酸菌产品启动苹果酸 - 乳酸发酵。苹果酸 - 乳酸发酵过程中，酒酒球菌消耗苹果酸，产生乳酸和二氧化碳，以及少部分能量，所以产生少量气泡，酒体温度也不会有明显的上升现象。此外，苹果酸 - 乳酸发酵后酒酒球菌会长期保持在生长平衡期，消耗完苹果酸之后还会消耗酒石酸等成分，引起病害，因此确认苹果酸 - 乳酸发酵结束后应立即加入 SO_2 杀死乳酸菌，葡萄酒满罐密封贮藏。

一般干红葡萄酒的贮藏期或陈酿时间要长于干白葡萄酒，由于微生物活动必然会引起挥发酸的升高，SO₂又是葡萄酒生产上最实用的防腐和抗氧化试剂，所以贮藏期间，酿酒师常用挥发酸和F-SO₂含量作为葡萄酒质量安全的指标。干红葡萄酒贮藏期间，遵循重力作用的自然沉降原则，形成酒脚，需要及时分离酒脚。橡木桶陈酿，即葡萄酒在橡木桶中贮藏一段时间。橡木桶的内壁经过烘烤处理，标有轻度、中度和重度烘烤，一般情况下采用中度烘烤的橡木桶。橡木桶一般能用4年左右，前两年是新桶，葡萄酒贮藏期间浸提出烘烤橡木内壁上的大部分风味成分，并将色素、多酚、酒石等沉积在内壁；清洗之后，后两年是旧桶，可以浸提出少部分风味成分。对于陈酿型红酒的橡木桶陈酿，前三个月带有新发酵的部分酒脚，加大搅拌，有利于残存酵母的细胞自溶，释放出酵母多糖、甘露糖蛋白等，葡萄酒的风味会更佳。干红葡萄酒常见的不稳定因素是酒石和色素沉淀，当然，抗氧化性和微生物稳定也需要预防，并加以实验以确保稳定。在葡萄酒生产工艺上因为不锈钢技术的推广，铁、铜不稳定现象已不常见，不过大批量生产上也要求检测铁和铜的稳定性。经过稳定性实验，并做相应的处理确保葡萄酒稳定后，才能装瓶。

三、材料与器皿

1. 材料

成熟、卫生的红色酿酒葡萄原料几十到几百千克（根据实践教学的需求量定），葡萄品种如赤霞珠、梅鹿辄、品丽珠、黑比诺等。

2. 试剂与辅料

膨润土、明胶、亚硫酸水溶液（6% SO₂含量）、白砂糖、降酸剂（碳酸钙、碳酸氢钾和酒石酸钾粉末）、商业活性干酵母粉、商业活性苹果酸-乳酸细菌干粉、斐林试剂（A液、B液）、NaOH、碘液、柠檬酸等。

3. 仪器与器皿

同实验一"干白葡萄酒酿造"。

四、实验操作流程

实验操作流程如图4-2所示。

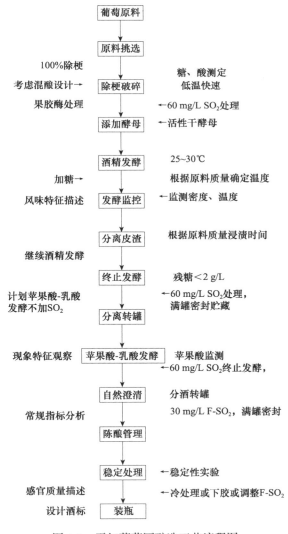

图4-2 干红葡萄酒酿造工艺流程图

五、实验步骤

1. 容器准备
同实验一 "干白葡萄酒酿造"。

2. 原料挑选
参照本章实验一 "干白葡萄酒酿造"。

3. 除梗破碎
原料量大的情况下采用除梗破碎机除梗破碎，低温快速处理，勿碾碎果皮、撕烂果皮、压碎种子。葡萄汁与皮、籽的混合物称为葡萄醪，迅速装罐，不超过罐容量的 75%，取汁测定葡萄汁含糖量、含酸量、密度和温度，确定是否需要调整糖、酸含量。

此时，可以加入果胶酶 20～40 mg/L，破坏果皮细胞壁，促进浸渍，提高出汁率，但浸渍作用增香的同时，有降低质量的风险。

4. 二氧化硫处理
红葡萄醪的 SO_2 处理主要是抑制来源于葡萄原料的杂菌活动，一般 50～60 mg/L，但在葡萄原料良好的情况下，可以酌情降低 SO_2 处理量。如果采用葡萄果粉上的酵母启动发酵，无需二氧化硫处理。

5. 浸渍处理
红葡萄醪一般不特意进行冷浸渍，因为随后的发酵浸渍的强度要比冷浸渍强很多。SO_2 处理后，葡萄醪一般在 15℃左右静置 12～24 h，一方面让果胶酶发挥作用，低温不利于果胶酶作用；另一方面适量的 SO_2 处理能够有效抑制葡萄果皮上的微生物活动。

6. 酵母干粉活化
参照本章实验一 "干白葡萄酒酿造"。

7. 启动酒精发酵
在葡萄醪中加入上述已发酵起泡的酵母液，启动酒精发酵。通常葡萄醪的发酵启动快于白葡萄汁，3～4 h 就可见到明显的发酵现象，即皮渣帽在上部形成，下部葡萄汁颜色开始加深，迅速发酵产生气泡，葡萄汁的风味开始改变，表现出酒味。若葡萄醪发酵启动困难，主要原因有：温度过高或过低，葡萄含糖量超过 280 g/L，SO_2 添加量过大，或多种原因兼而有之，应针对原因迅速采取措施。

8. 发酵监控
为了促进皮渣浸渍，控制发酵温度于 25～30℃，每 6～8 h 监测密度（ρ）、温度（T），绘制发酵曲线，同时压皮渣帽浸入葡萄汁，促进浸渍。葡萄原料质量很好时，发酵温度稍高，28～30℃，加强浸渍；原料质量一般时，发酵温度稍低，25～27℃，减弱浸渍。预计酒度为（12±1）% vol，如果葡萄汁含糖量不足，可用白砂糖调整，按照 18 g/L 糖生成 1% vol 计算，因为后期分离的皮渣会带走 1 g/L 的糖生成的酒精。

注意：在发酵启动后加糖，此时为酵母的对数生长期，其活力旺盛，能迅速消耗糖，不过加糖后要注意控温，因为发酵旺盛产生的热量也多。采用葡萄汁溶解白砂糖后缓缓加入发酵汁中，不可直接往发酵汁中倒入白砂糖，以防发酵汁暴溢罐外。

9. 分离皮渣
分离皮渣，即将发酵汁/酒与葡萄皮、籽等固体部分分开，未经压榨而直接流出的酒称为自流酒，一般占总量的 80% 以上，皮渣经压榨得到的压榨酒一般占比 15%，最后一次压榨酒控制在 2% 左右。压榨酒相比于自流酒，除酒度稍低外，残糖、总酸、挥发酸、多酚、总氮等均较高，最后一次压榨酒感官质量明显降低。

原酒质量良好时，干红葡萄酒的发酵可以选择在发酵至干时分离，保证浸渍的风味成分充足；如果原料质量一般，适宜酿造顺饮型轻酒体的干红葡萄酒，浸渍时间可以选择在发酵至干之前，比如相对密度在 1.015 左右分离皮渣。发酵汁分离皮渣后，按照白葡萄汁的酒精发酵进行管理。

10. 终止发酵

葡萄酒发酵至干，其现象参考干白葡萄酒终止发酵部分。分离清酒入干净罐中，同时加入 60 mg/L 的 SO_2，终止发酵，满罐密封贮藏，温度保持在 15℃ 左右。如果计划苹果酸 - 乳酸发酵，清酒入罐，适当通气，保留一些鲜亮的酒泥，满罐贮藏，盖塞不密封，添加苹果酸 - 乳酸发酵乳酸菌干粉的活化液，或者静置等待苹果酸 - 乳酸发酵。

11. 苹果酸 - 乳酸发酵

计划苹果酸 - 乳酸发酵的酒样，贮藏在 18～20℃，温度不能过低或过高。苹果酸 - 乳酸发酵启动后，可观察到液面的瓶壁四周有小气泡，葡萄酒入口有沙口感，这是因为 CO_2 冲撞口腔。最精确的判断方法是采用苹果酸、乳酸和酒石酸的纸层析法。苹果酸 - 乳酸发酵可持续 15～20 d，甚至更长，当纸层析法确定苹果酸已经完全消失，即说明苹果酸 - 乳酸发酵结束，立即加入 60 mg/L 的 SO_2 杀死乳酸菌，葡萄酒进入贮藏阶段。

12. 自然澄清

干红葡萄酒贮藏期间，会发生自然沉降，形成酒脚，一般进行 2～3 次自然澄清处理，第一次澄清转罐在苹果酸 - 乳酸发酵后 1 个月左右，然后再过 2 个月进行第二次转罐，第三次根据澄清状况而定。每次转罐必须调整 F-SO_2 约至 30 mg/L（陈酿型红酒可以适当降低），不要求封闭式转罐方式，满罐密封贮藏。

13. 橡木桶陈酿

橡木桶陈酿的时间和强度根据干红葡萄酒产品的风格特点而定，取决于原料的葡萄酒优质单宁多酚的组成和含量。对于顺饮型的轻酒体干红葡萄酒，建议不用橡木桶或用橡木桶短时间贮藏，保持果香顺饮的特征。对于陈酿型干红，建议橡木桶贮藏时间为 6～24 个月不等，中等酒体的为 6～12 个月，获得舒顺平衡的口味特征；重酒体的为 12～24 个月，追求厚重强劲的味感享受。达到陈酿要求后，葡萄酒转入不锈钢罐贮藏或直接装瓶瓶贮。

注意：橡木桶是微透气性的，需要保持酒窖适宜的温度（15℃ 左右）和湿度（70% 左右），空气湿度流通，防止过分干燥或潮湿霉变。每 1～2 个月注意添桶，监测 F-SO_2 和挥发酸，并做感官分析，确保葡萄酒健康发展。

14. 稳定处理

装瓶前至少 3 个月进行稳定性处理，顺饮型红酒至少 1～2 个月，同时检测酒度、残糖、滴定酸、pH、挥发酸、T-SO_2、F-SO_2、干浸出物。首先进行稳定性实验，对于干红葡萄酒必须要的验证因素有：酒石稳定性、色素稳定性、氧化稳定性、微生物稳定性；次要的验证因素有：铜稳定性、铁稳定性。酒石和色素稳定验证采用冷处理（一般 -4～-5℃）实验，氧化稳定采用氧化实验，微生物稳定采用恒温箱实验。

根据稳定性实验结果，进行相应项目的稳定处理，或冷处理、或下胶、或调整 F-SO_2，

然后再次进行相应的稳定性实验，确认稳定后，葡萄酒进行澄清处理。处理小批量的葡萄酒，一般进行板框过滤，选择精滤级的纸板，或者采用滤芯式过滤，有条件的也可采用离心澄清。

15．装瓶

同实验一"干白葡萄酒酿造"。

六、结果讨论

认真记录实验结果，按照类别汇总，做表分析，做必要的数据统计，如标准差、方差分析等，必要时做图比较。结果分析与讨论建议从以下几点展开。

1．葡萄原料成熟度状况

分析葡萄原料的出汁率、含糖量、含酸量和糖酸比等数据，展开原料成熟度的讨论，针对供试葡萄原料的成熟状况，判断是否有必要进行糖、酸调整，辅料处理等。

2．葡萄多酚色素成熟指标

因为红葡萄酒工艺的皮渣浸渍是关键环节，葡萄皮上多酚色素的含量及其组成决定了葡萄酒的质量优劣和风格特色，所以有必要展开葡萄原料的多酚色素成熟度控制，指标的设计及质量评价，与干红葡萄酒的质量关系等。

3．酒精发酵监控结果

分析发酵监控记录表，判断密度下降曲线是否平稳，温度是否在控制范围内，有无异常现象。发酵过程如果有加糖处理、降温处理等操作，发酵曲线会受到什么影响？如果发酵过程中记录有感官特征，如色泽、香气、口感上的感官描述，尝试分析讨论发酵过程中的感官特征变化的原因。

4．干红葡萄酒稳定性实验结果

分析干红葡萄酒的稳定性实验项目的结果，如氧化实验、酒石稳定实验、色素稳定实验、恒温箱实验等，判断相关结果与葡萄酒的常规理化指标有无联系，是否需要进行相应的稳定处理，如何避免不必要的处理给葡萄酒感官质量带来的负面影响。

5．干红葡萄酒感官质量描述

葡萄酒装瓶后，组织一次组内成员的葡萄酒品评会，也可邀请志愿者参加。对干红葡萄酒的色泽、香气和口感等感官特征进行打分，并做描述记录。分析讨论干红葡萄酒的感官质量特征与原料成熟状况、发酵工艺、陈酿稳定处理之间的关系。

七、总结与展望

根据实验结果的分析讨论，撰写实验报告，制订针对葡萄原料状况的干红葡萄酒生产工艺流程，并详述操作规范。并根据已有实验操作及其结果，展望下次同类实验或研发工作的必要处理措施，如①规范干红葡萄酒风味质量的关键操作工艺；②抓住干红葡萄酒产品开发的主要设计要点，做好工艺全程的技术优化。

八、思考题

（1）干红葡萄酒的葡萄原料的技术指标有哪些？
（2）简述干红葡萄酒酒精发酵的监控技术要点。

（3）干红葡萄酒是否都要进行苹果酸 - 乳酸发酵，分析原因。

（4）简述干红葡萄酒橡木桶陈酿的注意事项。

（5）干红葡萄酒的风味质量特征的影响因素有哪些?

实验三 桃红葡萄酒酿造

一、目的意义

（1）熟悉桃红葡萄酒酿造过程中主要工艺环节的实际操作;

（2）掌握影响桃红葡萄酒风味质量的关键操作工艺;

（3）领会桃红葡萄酒产品开发的主要设计要点。

二、基础理论

桃红葡萄酒是红色葡萄除梗破碎后葡萄汁与皮渣浸渍一段时间，酒精发酵后获得的酒精饮料，略带红色色调，介于黄色和浅红色之间，有黄玫瑰红、橙玫瑰红、玫瑰红、橙红、洋葱皮红、紫玫瑰红等。桃红葡萄酒残糖的范围也较宽，有干酒、半干、半甜等类型。因为发酵过程中浸渍时间较短，所以与干红葡萄酒相比，桃红葡萄酒具有较低的花色苷和多酚物质，并且好的产品应该具有足够的花色苷而相对更低的多酚物质。换言之，花色苷的浸渍有利于桃红葡萄酒的质量，而单宁等多酚的过多浸渍不利于质量。因此，从产品风味角度考虑，色浅、雅致而味短的桃红葡萄酒类似于干白葡萄酒，色深、果香浓的桃红葡萄酒则更像顺饮型干红葡萄酒，但无论哪种类型的桃红葡萄酒，均需要有优雅的果香，足够高的酸度维持清爽的酒体，酒度与其他成分相平衡。由于色素稳定性的原因，酿酒师一般对桃红葡萄酒不进行苹果酸 - 乳酸发酵，橡木桶陈酿也较少使用。

从理论上说，酿造红葡萄酒的所有葡萄原料均可以作为桃红葡萄酒的原料，但是从色泽稳定性考虑，红色葡萄品种的原料存在优劣，常用的优质桃红葡萄酒的原料品种有歌海娜（Grenache，在西班牙被称之为 Garnacha）、神索（Cinsaut）、西拉（Syrah/Shiraz）、马尔拜克（Malbec）、品丽珠（Cabernet Franc）、佳丽酿（Garignan）等。优质的桃红葡萄酒同样对原料的要求很高，原料要优质、成熟和卫生。由于花色苷的呈色与稳定，离不开一些无色多酚的辅色作用，所以短期浸渍酿造过程中，花色苷与少量多酚物质的组成与含量，成为衡量葡萄原料优劣的重要标准。各个葡萄品种既有其优点，又有一定的缺陷，而且由于各年份的气候与天气的变化，各品种优良特性的表现也随之发生变化，因此，很难用单一的葡萄品种酿造出质量最好的桃红葡萄酒。酿酒师需要根据葡萄园的生态气候条件，优化相应的葡萄品种结构，以生产优质的桃红葡萄酒。

桃红葡萄酒发酵过程中的浸渍是有限浸渍，其浸渍强度根据原料特性和产品色泽定位而有选择。一般来说，红色葡萄原料除梗破碎之后，添加二氧化硫，随后添加果胶酶，在常温浸渍 24 h 左右，然后压榨获得桃红色调的葡萄汁，再按照白葡萄酒工艺进行酿造。有些优质的桃红葡萄酒，常用"放血法"获取优质的桃红葡萄汁，即在正常的干红葡萄酒酿造过程中，发酵前自流分离出已浸渍 24 h 左右的葡萄汁（占总体积的 20%~25%）酿造桃红葡萄酒，其余继续酿造干红葡萄酒。对于一些染色品种原料或色素易于浸入汁中的原料，可以直接除梗、破碎、取汁、澄清，酿造桃红葡萄酒。当然，还有发酵后短期浸渍分离、红白葡萄酒勾兑等工艺方法。

桃红葡萄酒在风格质量上更像干白葡萄酒，在酿造上也需要防止氧化。干白葡萄酒防止氧化的工艺措施同样适合桃红葡萄酒酿造，桃红葡萄酒一般不进行苹果酸 - 乳酸发酵，因为不合适的降酸对桃红色调的稳定有负面影响。有些半干、半甜的桃红葡萄酒含有一定的残糖，贮藏期间除了保持一定的游离二氧化硫之外，可以添加约 100 mg/L 的山梨酸或山梨酸钾以防止再发酵，尽量低温贮藏，有助于保护诱人的桃红色调。除了防氧化，桃红葡萄酒还存在酒石、蛋白质等不稳定因素，经过稳定性实验，确保稳定后才能装瓶。

三、材料与器皿

1. 材料

成熟、卫生的红色酿酒葡萄原料几十到几百千克（根据实践教学的需求量定），选择酿造干红葡萄酒的红色葡萄品种，如赤霞珠、梅鹿辄、品丽珠、黑比诺等。

2. 试剂与辅料

果胶酶、山梨酸、山梨酸钾、膨润土、明胶、亚硫酸水溶液（6% SO_2 含量）、白砂糖、降酸剂（碳酸钙、碳酸氢钾和酒石酸钾粉末）、商业活性干酵母粉、斐林试剂（A液、B液）、NaOH、碘液、柠檬酸等。

3. 仪器与器皿

同实验一 "干白葡萄酒酿造"。

四、实验操作流程

实验操作流程如图 4-3 所示。

五、实验步骤

1. 容器准备

同实验一 "干白葡萄酒酿造"。

2. 原料挑选

同实验一 "干白葡萄酒

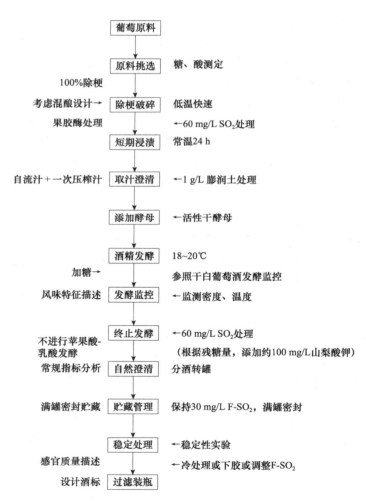

图 4-3　桃红葡萄酒酿造工艺流程图

酿造"。

3. 除梗破碎

同实验一 "干白葡萄酒酿造"。

4. 二氧化硫处理

及时添加二氧化硫（SO_2），使用量同实验二。

5. 果胶酶处理

SO_2 处理后 30 min，加入果胶酶 20～40 mg/L，促进浸渍，提高出汁率，根据原料状况酌情处理。

6. 短期浸渍

葡萄醪在常温浸渍 24 h 左右，酿酒师可以根据葡萄汁的色泽，凭经验确定时间。

7. 取汁澄清

采用气囊压榨机压榨，将自流汁和一次压榨汁混合，二次压榨汁如果占比≥原料质量的 5%，也一并混合，否则单独处理。葡萄汁添加活化好的膨润土约 1 g/L，混合均匀，4℃低温下静置澄清过夜（超过 12 h）。

膨润土活化方法：称量计算好的膨润土，添加 10 倍质量的 50℃蒸馏水，迅速搅拌均匀，成奶状，静置膨润过夜，即可使用。

8. 酵母干粉活化

参照本章实验一 "干白葡萄酒酿造"。

9. 启动酒精发酵

澄清葡萄汁回温后添加活化的酵母菌液，启动酒精发酵，参照本章实验一 "干白葡萄酒酿造"。

10. 发酵监控

参照本章实验一 "干白葡萄酒酿造"。

11. 终止发酵

如果发酵至干，分离葡萄酒入澄清罐中，添加 60 mg/L SO_2 即可，如果酿造半甜、半干型桃红葡萄酒，在添加 SO_2 之外，还需加入 100 mg/L 左右的山梨酸或山梨酸钾，抑制酵母活动，防止再发酵。

12. 自然澄清

贮藏期间一般进行 2～3 次自然澄清处理，封闭式转罐，参照实验一 "干白葡萄酒酿造"的操作方式。

13. 贮藏管理

贮藏条件要求温度 15℃左右，湿度 70% 左右，满罐密封贮藏，定期检查满罐情况，监测挥发酸、F-SO_2 等，保持 F-SO_2 为 30 mg/L 左右。

14. 稳定处理

装瓶前至少一个月进行稳定性处理，同时检测酒度、残糖、滴定酸、pH、挥发酸、T-SO_2、F-SO_2、干浸出物等指标。桃红葡萄酒不稳定性因素的实验验证与处理参照实验一 "干白葡萄酒酿造"的操作方式。

15. 装瓶

酒瓶准备、灌装、压塞等操作参照以上干白、干红葡萄酒的操作进行。

六、结果讨论

认真实验，做好数据记录，做必要的统计分析处理，参考以上干白、干红葡萄酒的实验数据处理。结果分析与讨论建议从以下几点展开。

1. 葡萄原料成熟度状况

分析葡萄品种、成熟度等对葡萄酒相关质量与成本指标的影响，判断是否需要进行必要的调整处理，展开原料选择、成熟度控制等的技术讨论。

2. 葡萄质量指标分析

桃红葡萄酒的色泽稳定、香气优雅，以及口味平衡是产品质量的关键，短期浸渍从葡萄皮进入葡萄酒中的多酚、色素含量及其组成如何评价？糖、酸平衡及香气评价指标如何设计？有必要展开葡萄与葡萄酒质量关联的分析讨论。

3. 酒精发酵监控结果

分析发酵监控记录表，判断密度下降曲线是否平稳，温度是否在控制范围内，有无异常现象。发酵过程如果有加糖处理、降温处理等操作，发酵曲线会受到什么影响？如果发酵过程中记录有感官特征，如色泽、香气、口感上的感官描述，尝试分析讨论发酵过程中的感官特征变化的原因。

4. 桃红葡萄酒稳定性实验结果

分析桃红葡萄酒的稳定性实验项目的结果，如氧化实验、酒石稳定实验、色素稳定实验、恒温箱实验等，判断相关结果与葡萄酒的常规理化指标有无联系，是否需要进行相应的稳定处理，如何避免不必要的处理给葡萄酒感官质量带来的负面影响。

5. 桃红葡萄酒感官质量描述

葡萄酒装瓶后，组织一次组内成员的葡萄酒品评会，也可邀请志愿者参加。对桃红葡萄酒的色泽、香气和口感等感官特征进行打分，并做描述记录。分析讨论桃红葡萄酒的感官质量特征与原料成熟状况、发酵工艺、陈酿稳定处理之间的关系。

七、总结与展望

根据实验结果的分析讨论，撰写实验报告，制订针对葡萄原料状况的桃红葡萄酒生产工艺流程，并详述操作规范。并根据已有实验操作及其结果，展望下次同类实验或研发工作的必要处理措施，如①规范桃红葡萄酒风味质量的关键操作工艺；②抓住桃红葡萄酒产品开发的主要设计要点，做好工艺全程的技术优化。

八、思考题

（1）桃红葡萄酒的葡萄原料的技术指标有哪些？
（2）简述桃红葡萄酒酒精发酵的监控技术要点。
（3）桃红葡萄酒的感官质量的要点有哪些？
（4）简述桃红葡萄酒贮藏期间的注意事项。
（5）桃红葡萄酒色泽稳定的影响因素有哪些？

主要参考文献

陈景桦，马小琛，李婷，等. 2018. 优选发酵毕赤酵母与酿酒酵母混合发酵的葡萄酒酿造应用潜力. 食品科学技术学报，36（5）：26-34

段雪荣，陶永胜，杨雪峰，等. 2012. 不同成熟度赤霞珠葡萄所酿酒香气质量分析. 中国食品学报，12（11）：125-131

靳国杰，李爱华，刘浩，等. 2017. 发酵温度对霞多丽干白葡萄酒香气质量的影响. 中国食品学报，17（10）：134-144

李华，王华，袁春龙，等. 2007. 葡萄酒工艺学. 北京：科学出版社

李婷，陈景桦，马得草，等. 2017. 优选非酿酒酵母与酿酒酵母在模拟葡萄汁发酵中生长动力学及酯酶活性分析. 食品科学，38（22）：60-66

马得草，游灵，李爱华，等. 2018. 高产 β-葡萄糖苷酶野生酵母的快速筛选及其糖苷酶酿造适应性研究. 西北农林科技大学学报（自然科学版），46（1）：129-135

彭传涛，贾春雨，文彦，等. 2014. 苹果酸-乳酸发酵对干红葡萄酒感官质量的影响. 中国食品学报，14（2）：261-268

陶永胜，朱晓琳，马得草，等. 2016. 葡萄汁有孢汉逊酵母糖苷酶增香酿造葡萄酒的潜力分析. 农业机械学报，47（10）：280-286

陶永胜，朱晓琳，文彦. 2012. 瓶贮赤霞珠干红葡萄酒香气特征的演变规律. 中国食品学报，12（12）：167-171

王倩倩，覃杰，马得草，等. 2018. 优选发酵毕赤酵母与酿酒酵母混合发酵增香酿造爱格丽干白葡萄酒. 中国农业科学，51（11）：2178-2192

王星辰，胡凯，陶永胜. 2016. 葡萄汁有孢汉逊酵母和酿酒酵母的混合酒精发酵动力学. 食品科学，37（3）：103-108

韦旭阳，陶永胜，田洒，等. 2012. 通过气味活性成分评价干红葡萄酒的香气质量. 中国食品学报，12（10）：188-195

张会宁. 2015. 葡萄酒生产实用技术. 北京：中国轻工业出版社

张瑞峰，安然，程彬皓，等. 2015. 化学降酸量对杨凌贵人香干白葡萄酒感官品质的影响. 食品科学技术学报，33（1）：38-42

Bamforth C W. 2005. Food, Fermentation and Micro-organisms. Oxford. UK. Blackwell Publishing Ltd.

Cédric L, Clément P, Michèle G B, et al. 2017. Application of flow cytometry to wine microorganisms. Food Microbiology, 62: 221-231

Claudio D, Joseph V F. 2012. Wine Microbiology. New York, US. Taylor and Francis

Iland P, Bruer N, Ewart A, et al. 2012. Monitoring the Winemaking Process from Grapes to Wine Techniques and Concepts. 2nd ed. Adelaide: Patrick Iland Wine Promotions PTY LTD

Noble A C, Arnold R A, Buechsenstein J, et al. 1987. Modification of a standardized system of wine aroma terminology. American Journal of Viticulture and Enology, 38 (2): 143